FORSCHUNGSBERICHTE DES LANDES NORDRHEIN-WESTFALEN
Nr. 2347

Herausgegeben im Auftrage des Ministerpräsidenten Heinz Kühn
vom Minister für Wissenschaft und Forschung Johannes Rau

Prof. Dr.-Ing. Dres. h.c. Herwart Opitz
Dr.-Ing. Wolfram Borchert

Laboratorium für Werkzeugmaschinen und Betriebslehre
der Rhein.-Westf. Techn. Hochschule Aachen

Untersuchung über den Einfluß geometrischer Fehler von Wälzfräsern auf die Genauigkeit wälzgefräster Stirnräder

Westdeutscher Verlag Opladen 1973

ISBN-13: 978-3-531-02347-2   e-ISBN-13: 978-3-322-88327-8
DOI: 10.1007/978-3-322-88327-8

© 1973 by Westdeutscher Verlag, Opladen

Gesamtherstellung: Westdeutscher Verlag

Inhalt

Formelzeichen und Indices 4

1. Einleitung 7

2. Berechnung der erzeugten Flankenform beim Wälzfräsen ... 8

    2.1 Berechnung der verfahrensbedingten Flankenform
        (Hüllschnittabweichungen) 8
    2.2 Flankenformfehler durch Verlagerung einzelner
        Fräserschneiden 11
    2.3 Flankenformfehler durch periodische Schneidenver-
        lagerung 13

3. Wälzfräser-Eigenfehler, Eingriffsteilungsfehler und
   Flankenformfehler 16

    3.1 Eingriffsteilungsfehler infolge der Einzelfehler
        von Wälzfräsern 17
    3.2 Flankenformfehler durch Eingriffsteilungsfehler 18

4. Wälzfräser-Einspannfehler, Eingriffsverlagerung und
   Flankenformfehler 19

    4.1 Eingriffsverlagerung durch Fräserrundlauffehler 20
    4.2 Eingriffsverlagerung durch Taumelfehler 21
    4.3 Eingriffsverlagerung durch beliebige Wälzfräser-
        Einspannfehler 25
    4.4 Flankenformfehler durch Wälzfräser-Einspannfehler .. 26
    4.5 Möglichkeiten zur Verbesserung der Wälzfräser-Ein-
        spannung 28

5. Zusammenfassung 32

6. Literaturverzeichnis 33

Abbildungen 34

Formelzeichen

A	Eingriffsverlagerung
b	Breite
c	Steigung
d	Durchmesser
E	Eingriffspunkt
e, e_1, e_2, e_τ	Exzentrizitätsvektoren
F	Sammelfehler
f	Einzelfehler, Hüllschnittabweichung
f_f	Flankenformfehler
f_α	Eingriffswinkelfehler
h	Höhe
i	Spannutenzahl
k	Faktor
l	Länge
m	Modul
n	Laufparameter
p	Teilung
r	Teilkreisradius
r_a	Kopfkreisradius
r_g	Grundkreisradius
s	Fräserverschiebung
x	Abszisse
y	Ordinate
z	Gangzahl
α	Eingriffswinkel, Hinterarbeitungswinkel (Freiwinkel)
β	Schrägungswinkel
γ	Steigungswinkel
γ_s	Spanwinkel
δ	Drehwinkel, Spannutenteilungswinkel
ϵ	Taumelwinkel
π	Kreiskonstante
τ	Überlagerungswinkel
φ	Wälzwinkel, Polarwinkel
ω	Phasenwinkel

Formelzeichen für die Abweichungen der Wälzfräser-Bestimmungsgrößen

f_{rp}	Rundlauf an den Prüfbunden
f_{ps}	Planlauf an den Spannflächen
f_{rk}	Rundlauf am Zahnkopf
F_{fN}	Form und Lage der Spannflächen
f_{tN}	Einzelteilung der Spannuten
f_{uN}	Teilungssprung der Spannuten
F_{tN}	Summenteilung der Spannuten
f_{HN}	Spannutenrichtung
F_{fS}	Form der Schneidkante
f_{s}	Zahndicke
f_{HF}	Frästeigungshöhe von Schneidkante zu Schneidkante
F_{HF}	Frästeigungshöhe zwischen beliebigen Schneidkanten einer Windung
f_{e}	Eingriffsteilungsabschnitt
F_{e}	Eingriffsteilung innerhalb eines Eingriffsbereiches

Indices

A, a	Kopf
ax	axial
E, e	Eingriff, Exzentrizität
F, f	Fuß, Flanke
H	Hüllpolygon
l	links
max	größter Wert
min	kleinster Vert
n	normal, Laufparameter
r	rechts
S, s	Schnitt, Seite
Soll	Sollwert
t	Stirnschnitt
y	beliebig
Δ	Teil einer Größe
τ	Taumel
w	Werkzeug
o	Anfangswert
2	Werkrad
'	Istgröße
*	bezogene Größe, Amplitude
$\sim$	Funktion mit periodischem Verlauf

1. Einleitung

Die unterschiedlichen Aufgaben der Werkzeuge für die spanende Metallbearbeitung bestimmen deren Werkstoff, die äußere Form sowie die erforderliche Genauigkeit. Zur Herstellung von Werkstücken einfacher geometrischer Gestalt genügen in der Regel Werkzeuge, deren Geometrie allein von Verschleißkriterien bestimmt wird; die Genauigkeit des Werkstücks hängt dann vor allem von der Genauigkeit der Relativbewegung zwischen Werkzeugschneide und Werkstück ab.

Formfehler des Werkstückes werden insbesondere durch Positionsfehler von Werkzeug und Werkstück hervorgerufen. Diese entstehen durch Verformungen von Werkzeugmaschine, Werkzeug und Werkstück unter statischen und dynamischen Kräften sowie durch thermische Einflüsse.

Bei der Herstellung von Werkstücken komplizierterer Geometrie können weitere Fehler dadurch entstehen, daß die Form der Werkzeugschneide von ihrer Sollform abweicht. Dies trifft insbesondere für Verzahnwerkzeuge zu.

Die Gestalt und Genauigkeit des Wälzfräsers wird durch die relativ komplizierte Geometrie der Zahnräder, die hohen Anforderungen an deren Genauigkeit sowie das Prinzip des Wälzfräsverfahrens bestimmt.

Wälzfräsen ist ein kontinuierlich arbeitendes Verfahren, bei dem Wälzfräser und Werkrad wie Schnecke und Schneckenrad miteinander abwälzen; alle Zahnlücken werden dabei in etwa gleichzeitig fertiggestellt.

In Abb. 1 ist ein Wälzfräser und ein Werkrad während des Verzahnens skizziert. Die Drehrichtungen beider Elemente sowie die Vorschubrichtung des Wälzfräsers wurden durch Pfeile angedeutet. Es ist zu erkennen, daß die Werkradzähne auf der Radunterseite bereits fertig ausgebildet sind. In Radmitte werden die Zähne bearbeitet, während oben noch der volle Radkörper zu sehen ist. An einem Werkradzahn sind die verfahrensbedingten Vorschub- und Hüllschnittmarkierungen dargestellt.

Flankenformfehler werden in starkem Maße von kinematischen Fehlern der Verzahnmaschine sowie von Eigen- und Einspannfehlern des Verzahnwerkzeuges bestimmt.

Die Ursachen sowie die Auswirkungen von kinematischen Fehlern der Wälzfräsmaschine auf die erzeugten Verzahnungen wurden u. a. von de Jong, Eggert und Faulstich [1,2] untersucht. Die Kenntnis dieser Zusammenhänge führte dazu, daß die Genauigkeit der Wälzfräsmaschinen in den letzten Jahren erheblich gesteigert werden konnte.

Hauptfehlerquelle ist deshalb beim Wälzfräsen heute der Wälzfräser. Die Auswirkung der Wälzfräserfehler auf die Flankenform von Stirnradverzahnungen wird im folgenden berechnet.

2. Berechnung der erzeugten Flankenform beim Wälzfräsen

Beim Wälzfräsen werden die Zahnflanken nicht exakt ausgebildet, da nur einzelne Punkte der Fräserschneiden Evolventenpunkte erzeugen können. Jede Fräserschneide bildet nur <u>einen</u> exakten Evolventenpunkt aus. Zwischen diesen Evolventenpunkten wird die Flankenform durch Einhüllende angenähert. Die durch Wälzfräsen erzeugbare Flankenform ist also schon verfahrensbedingt fehlerbehaftet, da in jedem Fall die sogenannten Hüllschnittabweichungen auftreten. Berechnungen der Hüllschnittabweichungen gehen davon aus, daß die Isteingriffspunkte mit den Solleingriffspunkten zusammenfallen. Voraussetzung hierfür sind fehlerfreie Geometrie und Kinematik von Wälzfräser und Verzahnmaschine. Diese Voraussetzung ist im allgemeinen nicht erfüllt.

Durch Eigen- und Einspannfehler des Wälzfräsers und durch kinematische Fehler des Wälzgetriebezuges der Verzahnmaschine ergeben sich Verlagerungen einzelner Fräserschneiden oder periodische Schneidenverlagerungen, die zu Flankenformfehlern führen.

Hüllschnittabweichungen und Flankenformfehler aufgrund beliebiger Wälzfräserfehler werden im folgenden berechnet.

2.1 Berechnung der verfahrensbedingten Flankenform (Hüllschnittabweichungen)

Abb. 2 zeigt schematisch die Entstehung der Einhüllenden der Evolventenzahnflanke durch die Fräserschneiden. Die Lage der Schneiden und die dadurch erzeugten Hüllschnitte sind für mehrere Wälzstellungen angedeutet. Die durch die Fräserschneiden gebildeten Einhüllenden werden mit Hilfe der Punkt-Steigungs-Form der Geradengleichung berechnet. Die hierzu benötigten Punkte seien die Eingriffspunkte E_n.

Der Wälzwinkel des ersten Eingriffspunktes betrage φ_o. Die Wälzwinkel der folgenden Eingriffspunkte ergeben sich dann zu

$$\varphi_n = \varphi_o + n \cdot \Delta\varphi_w \quad (1)$$

mit n = Ordnungszahl der Einhüllenden
und $\Delta\varphi_w$ = Wälzwinkel zwischen zwei Eingriffspunkten.

Der Winkel $\Delta\varphi_w$ berechnet sich zu

$$\Delta\varphi_w = \frac{2\pi \cdot z}{i \cdot z_2} \quad (2)$$

Der Abstand zweier aufeinanderfolgender Eingriffspunkte auf der Eingriffslinie beträgt

$$\Delta P_e = r_{g2} \cdot \Delta\varphi_w \quad (3)$$

In Gl. (3) ist r_{g2} der Grundkreisradius der Werkradverzahnung. Die Eingriffspunkte auf der Evolvente ergeben sich aus der Polargleichung der Evolvente zu

$$x_{En} = r_{g2} \cdot (\cos\varphi_n + \varphi_n \cdot \sin\varphi_n) \tag{4}$$

$$y_{En} = r_{g2} \cdot (\sin\varphi_n - \varphi_n \cdot \cos\varphi_n) \tag{5}$$

Die Steigungen der Einhüllenden berechnen sich zu

$$c_o = \frac{\Delta y}{\Delta x} = \tan\varphi_o \tag{6}$$

$$c_n = \tan(\varphi_o + n \cdot \Delta\varphi_w) \tag{7}$$

Die Gleichungen der gesuchten Einhüllenden ergeben sich zu

$$y = c_n \cdot (x - x_{En}) + y_{En} \tag{8}$$

Relative Maxima der Hüllschnittabweichungen treten in den Schnittpunkten benachbarter Einhüllender auf. Diese Schnittpunkte errechnen sich aus der Bedingung, daß sie auf beiden Geraden liegen:

$$y_{S(n+1)} = y_{Sn} \tag{9}$$

Hieraus folgt die Lage der jeweiligen Schnittpunkte zu

$$x_{S(n,n+1)} = \frac{y_{En} - y_{E(n+1)} + c_{(n+1)} \cdot x_{E(n+1)} - c_n \cdot x_{En}}{c_{(n+1)} - c_n} \tag{10}$$

$$y_{S(n,n+1)} = c_n \cdot (x_{S(n,n+1)} - x_{En}) + y_{En} \tag{11}$$

Die Wälzwinkel der Schnittpunkte $\varphi_{S(n,n+1)}$ ergeben sich aus Abb. 3 mit

$$r_{S(n,n+1)} = \sqrt{x_{S(n,n+1)}^2 + y_{S(n,n+1)}^2} \tag{12}$$

zu

$$\varphi_{S(n,n+1)} = \arctan\frac{y_{S(n,n+1)}}{x_{S(n,n+1)}} + \arccos\frac{r_{g2}}{r_{S(n,n+1)}} \tag{13}$$

Die jeweilige Abweichung des Hüllschnittprofils vom Evolventenprofil ergibt sich anhand von Abb. 4 dadurch, daß für verschiedene Wälzwinkel φ der Abstand des dazugehörigen Evolventenpunktes vom Hüllpolygon auf der Grundkreistangente berechnet wird. Der jeweilige Evolventenpunkt ergibt sich aus der Polargleichung der Evolvente zu

$$x_E = r_{g2} \cdot (\cos\varphi + \varphi \cdot \sin\varphi) \tag{14}$$

$$y_E = r_{g2} \cdot (\sin\varphi - \varphi \cdot \cos\varphi) \tag{15}$$

Die Gleichung der Grundkreistangente berechnet sich mit den
Gl. (14), (15) zu

$$y = -\frac{1}{\tan\varphi} \cdot (x-x_E) + y_E \qquad (16)$$

Der Schnitt der Einhüllenden mit der Grundkreistangente ergibt
sich durch Gleichsetzung der entsprechenden Geradengleichungen
(8), (16) zu

$$x_H = \frac{\frac{x_E}{\tan\varphi} + c_n \cdot x_{En} + y_E - y_{En}}{c_n + \frac{1}{\tan\varphi}} \qquad (17)$$

$$y_H = c_n \cdot (x_H - x_E) + y_E \qquad (18)$$

Hierbei ist jeweils die Einhüllende zu verwenden, die in dem
betreffenden Wälzwinkelbereich wirksam ist. Diese Bedingung
läßt sich in die Form fassen

$$\varphi_{S(n+1,n+2)} < \varphi < \varphi_{S(n,n+1)} \qquad (19)$$

Die orthogonalen Komponenten der Hüllschnittabweichung ergeben
sich zu

$$dx = x_H - x_E \qquad (20)$$

$$dy = y_H - y_E \qquad (21)$$

Die Hüllschnittabweichung berechnet sich schließlich zu

$$f = \sqrt{dx^2 + dy^2} \qquad (22)$$

Abb. 5 zeigt die Hüllschnittabweichungen für das im Bild näher
gekennzeichnete Verzahnungsbeispiel.

Die Hüllschnittabweichungen wurden über dem Wälzweg aufgetragen.
Die Amplituden der relativen Maxima steigen vom Grundkreis der
Verzahnung - gekennzeichnet durch den Wälzwinkel Null - linear
bis zum Zahnkopf an. Kennt man also die Amplitude der Maxima
der Hüllschnittabweichung f_a am Kopfzylinder der Verzahnung, so
läßt sich die Amplitude f_y an beliebigen Radien aus folgender
Gleichung berechnen:

$$f_y = f_a / \sqrt{\frac{r_{a2}^2 - r_{g2}^2}{r_{y2}^2 - r_{g2}^2}} \qquad (23)$$

Die Amplituden der Hüllschnittabweichungsmaxima am Zahnkopf sind
in Abb. 6 in Abhängigkeit von der Werkstück-Zähnezahl z_2 und dem
Quotienten Spannutenzahl/Gangzahl des Fräsers für verschiedene
Eingriffswinkel dargestellt. Bei Schrägverzahnungen ist die ide-
elle Werkrad-Zähnezahl zu verwenden, die sich aus folgender
Gleichung berechnen läßt

$$z_{2id} = z_2 \cdot \frac{ev\,\alpha_t}{ev\,\alpha_n} \tag{24}$$

Die Amplituden f_a^* sind modulbezogen.

Die Nomogramme sollen anhand des schon in Abb. 5 gezeigten Beispiels erläutert werden. Für einen Eingriffswinkel von $\alpha_n = 20°$ ist das Nomogramm rechts oben in Abb. 6 gültig. Der Quotient aus der Spannutenzahl und der Gangzahl des Fräsers ergibt sich zu i/z = 9/1 = 9. Dieser Quotient ist im Nomogramm auf der rechten Seite eingezeichnet. Vom Schnittpunkt der entsprechenden Kurve mit der Senkrechten über der Werkrad-Zähnezahl $z_2 = 25$ gelangt man in waagerechter Richtung zu der bezogenen Hüllschnittabweichung $f_a^* = 0{,}62\,\mu\text{m/mm}$. Die Hüllschnittabweichung am Zahnkopf ergibt sich durch Multiplikation von f_a^* mit dem Modul ($m_n = 5$ mm) zu $f_a = 0{,}62\,\mu\text{m/mm} \cdot 5\,\text{mm} = 3{,}1\,\mu\text{m}$. Mit Gl. (23) errechnet sich die Amplitude der Hüllschnittabweichung am Teilzylinder der Verzahnung für das eingezeichnete Beispiel zu $f = 2\,\mu\text{m}$.

Die Hüllschnittabweichungen können in der Mehrzahl aller Verzahnungsfälle vor allem beim Einsatz eingängiger Wälzfräser vernachlässigt werden, da andere Fräserfehler erheblich größere Fehleramplituden an wälzgefrästen Verzahnungen hervorrufen, wie noch gezeigt werden wird.

In den folgenden Kapiteln wird das vorgestellte Rechenverfahren so erweitert, daß es der Ermittlung von Flankenformfehlern aufgrund beliebiger Wälzfräserfehler dienen kann.

2.2 Flankenformfehler durch Verlagerung einzelner Fräserschneiden

Bei der Berechnung der Auswirkung von Eigenfehlern von Wälzfräsern auf die Flankenform wälzgefräster Verzahnungen wird analog zur Hüllschnittberechnung vorgegangen; es muß jedoch zusätzlich berücksichtigt werden, daß Wälzfräserverlagerungen einzelner oder mehrerer Einhüllender des Evolventenprofils bewirken. Dies bedeutet z. B., daß die Wälzwinkel der Schnittpunkte (vgl. Gl. (13)) nicht nur benachbarter Einhüllender, sondern mögliche Schnittpunkte jeder einzelnen Einhüllenden mit jeder anderen berechnet werden müssen, da zunächst nicht bekannt ist, welche Schneidenabschnitte an der Ausbildung der Flankenform beteiligt sind.

Folgende, durch Eigenfehler von Wälzfräsern mögliche Schneidenverlagerungen werden im einzelnen untersucht:

1. Zurückstehen einer Schneidkante,
2. Vorstehen einer Schneidkante,
3. Eingriffswinkelfehler einer Schneidkante.

Prinzipiell lassen sich alle Einzelfehler von Wälzfräsern, die sich auf die zu erzeugende Flankenform auswirken, durch Kombination der Fälle 1. und 3. oder 2. und 3. berechnen.

Im Anschluß an diese theoretischen Untersuchungen werden Meßbeispiele nachgerechnet und gemessene mit berechneten Flankenformfehler-Verläufen verglichen und diskutiert.

In Abb. 7 ist die Verlagerung einer Einhüllenden dargestellt.

Ihre Lage läßt sich durch den Abstand d_E des Isteingriffspunktes vom Solleingriffspunkt sowie durch den Eingriffswinkelfehler f_α beschreiben. Im gezeigten Beispiel wurde angenommen, daß eine Fräserschneide an Zahnkopf und Zahnfuß um unterschiedliche Beträge a_a und a_f vorsteht. Aus der Abbildung lassen sich folgende Beziehungen ablesen:

$$h_{an} = p_{en} \cdot \tan\alpha_n + r_{g2} - \frac{r_{f2}}{\cos\alpha_n} \tag{25}$$

$$f_\alpha = \arctan \frac{(a_f - a_a) \cdot \cos\alpha_n}{h_w} \tag{26}$$

$$d_E = h_{an} \cdot \tan f_\alpha + a_a \tag{27}$$

Die Istlage der fehlerhaften Einhüllenden errechnet sich aus der Sollage des Eingriffspunkts im Werkradkoordinatensystem E_n, dem Abstand des Isteingriffspunkts vom Solleingriffspunkt d_E sowie der Steigung der Einhüllenden (vgl. Abb. 7):

$$c_n' = \tan(\varphi_n + f_\alpha) \tag{28}$$

Nach Zerlegung von d_E in Komponenten hat der Isteingriffspunkt die Koordinaten

$$x_{En}' = x_{En} - d_E \cdot \sin\alpha_n \tag{29}$$

$$y_{En}' = y_{En} + d_E \cdot \cos\alpha_n \tag{30}$$

Die Gleichung der fehlerhaften Einhüllenden ergibt sich mit (28), (29), (30) zu

$$y = c_n' \cdot (x - x_{En}') + y_{En}' \tag{31}$$

Das Zurückstehen einer Schneide des Wälzfräsers läßt sich anhand von Abb. 7 durch einen negativen Betrag von d_E und $f_\alpha = 0$ beschreiben. Im linken Teil von Abb. 8 ist die Auswirkung einer zurückstehenden Fräserschneide auf die Flankenform einer Verzahnung dargestellt.

Es wurde angenommen, daß bei den im Bild angegebenen Verzahnungsdaten ein Eingriffsteilungsfehler von $f_{el} = 10\ \mu m$ vorliegt. Die zur zurückliegenden Schneide gehörige Einhüllende wurde gestrichelt dargestellt. Die im Bild eingezeichneten Punkte sind die möglichen Eingriffspunkte von Wälzfräser und Werkrad. Es zeigt sich, daß die fehlerhafte Schneidkante nicht an der Ausbildung der Flankenform beteiligt ist. Die Flankenform wird in diesem Bereich durch die beiden benachbarten Fräserschneiden bestimmt.

Es ergibt sich hier am Schnittpunkt der benachbarten Einhüllenden ein Flankenformfehler in der Größenordnung der Hüllschnittabweichungen, der bei Eingriffsteilungsfehlern größer oder gleich diesem Flankenformfehler konstant bleibt. Erst dann, wenn der Eingriffsteilungsfehler kleiner als die Ordinate des Schnittpunktes ist, verringert sich der Flankenformfehler auf die Amplitude des Eingriffsteilungsfehlers.

Das Vorstehen einer Schneidkante des Wälzfräsers läßt sich nach Abb. 7 durch einen positiven Betrag von d_E und $f_\alpha = 0$ beschreiben. Je nach Größe des Eingriffsteilungsfehlers f_e können mehrere benachbarte Hüllschnitte von der vorstehenden Einhüllenden überschnitten werden. Im rechten Bildteil von Abb. 8 ist ein derartiger Fall dargestellt. Das Vorstehen einer einzelnen Fräserschneide um $f_{e2} = 25$ μm bewirkt einen Flankenformfehler gleicher Größe, dem sich noch die Hüllschnittabweichungen überlagern. Die Flankenform von Verzahnungen wird demnach weit mehr durch vorstehende als durch zurückliegende Fräserschneiden bestimmt.

Nach Abb. 7 läßt sich der Eingriffswinkelfehler einer Fräserschneide durch einen beliebigen Betrag von d_E und $f_\alpha \neq 0$ festlegen. Es sei $d_E = 0$ und $f_\alpha = 1°$. Der Eingriffswinkelfehler wurde so groß angenommen, um seine Auswirkung auf erzeugbare Verzahnungen deutlich zeigen zu können. Der Eingriffspunkt der fehlerhaften Schneide fällt mit dem Solleingriffspunkt zusammen.

Abb. 9 zeigt für den im Bild näher gekennzeichneten Verzahnungsfall die Hüllschnittabweichungen einer Zahnflanke; der durch den Eingriffswinkelfehler einer Fräserschneide in Verzahnungsmitte hervorgerufene Flankenformfehler bleibt trotz des großen Eingriffswinkelfehlers in der Größenordnung der Hüllschnittabweichungen. Wegen des relativ kurzen profilausbildenden Schneidenteils ergibt sich aufgrund des Eingriffswinkelfehlers einer Schneidkante ein praktisch vernachlässigbar kleiner Flankenformfehler.

Der Fehler ist dann nicht mehr vernachlässigbar, wenn der Isteingriffspunkt nicht mehr mit dem Solleingriffspunkt identisch ist. Dies ist zum Beispiel dann der Fall, wenn alle Fräserschneiden mit dem gleichen Eingriffswinkelfehler behaftet sind. Der Betrag von d_E ändert sich dann stetig; er entspricht dann einem Eingriffsteilungsfehler f_e. Die erzeugbare Flankenform von Verzahnungen wird dann denselben Eingriffswinkelfehler aufweisen wie die Fräserschneiden.

2.3 Flankenformfehler durch periodische Schneidenverlagerung

Wälzfräser-Einspannfehler bewirken periodische Schneidenverlagerungen. Hierdurch ergeben sich ebenfalls periodische wirksame Eingriffsteilungsfehler, die im folgenden Eingriffsverlagerung genannt werden. Die Amplituden der Eingriffsverlagerungen A^* aufgrund von beliebigen Wälzfräser-Einspannfehlern werden in Kapitel 4. berechnet. Ihre Frequenz ist immer gleich; es ergibt sich eine volle Verlagerungsperiode pro Fräserumdrehung. Die Anzahl der möglichen Eingriffspunkte ist analog der Anzahl der Eingriffspunkte bei der Berechnung der Hüllschnittabweichungen (vgl. Kap. 2.1) gleich der Spannutenzahl i des Wälzfräsers. Eingriffsverlagerungen durch Wälzfräser-Einspannfehler lassen sich somit in folgender Form darstellen:

$$\tilde{A} = \frac{A^\star}{2} \cdot \sin \frac{2\pi \cdot n}{i} \qquad (32)$$

Dabei ist n die Ordnungszahl der Fräserschneiden.

Das in Kapitel 2.2 beschriebene Rechenverfahren läßt sich auch zur Flankenformfehler-Berechnung durch periodische Eingriffsverlagerungen anwenden. Entsprechend den Bezeichnungen in Abb. 7 ist dann $f_\alpha = 0$ und $d_E = d_E(n) = A$ zu setzen.

Die Ergebnisse der Flankenformfehler-Berechnung durch periodische Eingriffsverlagerungen werden in Form eines Nomogramms zusammengefaßt, das dem Praktiker in einfacher Form die Bestimmung der Flankenformfehler-Amplituden gestattet.

Zuvor sollen anhand von Abb. 10 Einflüsse der Spannutenzahl des Wälzfräsers und der Zähnezahl des Werkrades auf den zu erwartenden Flankenformfehler von Verzahnungen untersucht werden.

Die Abb. zeigt Flankenformfehler-Verläufe, die durch Rasterung hervorgehoben wurden. Die Punkte, die jeweils durch eine gestrichelte Linie verbunden wurden, sind die möglichen Eingriffspunkte von Wälzfräser und Werkradverzahnung aufgrund einer Eingriffsverlagerung von $A^\star = 154\ \mu m$ (vgl. Kap. 4.3). Die Darstellungen im linken Teil von Abb. 10 gelten für einen Wälzfräser mit der Spannutenzahl i = 7, die im rechten Bildteil für i = 21. Die obersten Diagramme wurden für ein Werkrad mit $z_2 = 15$ Zähnen, die untersten mit $z_2 = 45$ Zähnen berechnet. Vergleicht man die beiden Flankenformfehler-Verläufe einer konstanten Zähnezahl, so lassen sich für i = 7 und i = 21 nur geringfügige Unterschiede, vor allem bei der kleinen Zähnezahl $z_2 = 15$, feststellen.

Unterschiedliche Spannutenzahlen bewirken jedoch Verschiebungen der charakteristischen Spitzen in den Fehlerverläufen in Ordinatenrichtung, die auch bei stetiger Variation der Spannutenzahl abwechselnd geringe Vergrößerungen und Verkleinerungen der Flankenformfehler-Amplituden ergeben.

Zur Berechnung der Flankenformfehler-Amplituden, deren Ergebnisse im folgenden vorgestellt und diskutiert werden, wurden daher die Werte gemittelt, die sich aus den Spannutenzahlen i = 7 und i = 21 ergaben. Dies hat zur Folge, daß die tatsächlichen Amplituden, die sich bei einer bestimmten Spannutenzahl ergeben, von den berechneten Mittelwerten bis zu ca. 10 % abweichen können.

Vergleicht man in Abb. 10 die Flankenformfehler-Amplituden für verschiedene Zähnezahlen, so erkennt man, daß bei konstanter Eingriffsverlagerung mit zunehmender Zähnezahl eine Verkleinerung auftritt. Während bei $z_2 = 15$ Flankenformfehler-Amplitude und Eingriffsverlagerung etwa gleich groß sind, beträgt die Flankenformfehler-Amplitude bei $z_2 = 45$ nur noch etwa 35 % von der der Eingriffsverlagerung.

Eine auffällige Tatsache ist die Spitzenbildung in den Flankenformfehler-Verläufen, die in Kap. 4.4 noch durch Meßbeispiele bestätigt wird. Sowohl die Verkleinerung der Flankenformfehler-Amplituden als auch die Spitzenbildung sind auf die Ausbildung der Flankenform durch Einhüllende zurückzuführen. Sie resultieren aus Überschneidungen, die bewirken, daß besonders bei größeren Eingriffsverlagerungen nur eine geringe Anzahl von Fräserschneiden an der Fertigstellung des Verzahnungsprofils beteiligt ist.

Das Nomogramm in Abb. 11 dient zur Ermittlung der Flankenformfehler-Amplituden aufgrund von Einspannfehlern von Wälzfräsern. Das Ergebnis wird von 4 Einflußgrößen bestimmt: vom Grundkreisradius der erzeugten Verzahnung, von der Doppelamplitude der Eingriffsverlagerung, von der Fräsergangzahl und von der Zähnezahl des Werkstücks. Das Nomogramm wird anhand des eingezeichneten Beispiels erläutert.

Der Grundkreisradius errechnet sich aus der im unteren Bildteil angegebenen Formel mit m_n = 5 mm, z_2 = 25, α_n = 20° und β = 0° zu r_{g2} = 58,75 mm. Der Parameter der Kurvenschar im unteren Bildteil ist die Doppelamplitude der Eingriffsverlagerung. Für Rechts- bzw. Linksflanken der Verzahnung wird diese in Kapitel 4. berechnet und in allgemeiner Form dargestellt. Die Eingriffsverlagerung betrage für die Rechtsflanken 154 µm, für die Linksflanken 188 µm (vgl. Kap. 4.). Interpoliert man diese Werte innerhalb der Kurvenschar in Höhe des berechneten Grundkreisradius, so ergeben sich die Schnittpunkte S_{1r} und S_{1l}. Von diesen Punkten aus fährt man senkrecht nach oben zu den Punkten S_{2r} und S_{2l}. Diese liegen auf einer Kurve, die sich aus dem rechten Bildteil durch den Schnittpunkt S_3 aus der Fräsergangzahl (z = 1) und der Werkrad-Zähnezahl (z_2 = 25) ergibt. Fährt man von den Punkten S_{2r} bzw. S_{2l} waagerecht nach links, lassen sich die bezogenen Flankenformfehler-Amplituden f_f^* beider Flanken zu etwa 80 % ablesen. Mit der im rechten unteren Bildteil angegebenen Formel ergeben sich die Amplituden der Flankenformfehler für die Rechts- bzw. Linksflanken der Verzahnung zu ca. 120 µm bzw. 150 µm.

Die tatsächlichen beim Wälzfräsen auftretenden Flankenformfehler-Amplituden liegen im allgemeinen etwa um 10 % unter den berechneten. Dies liegt einmal daran, daß bei der Berechnung der Eingriffsverlagerung (vgl. Kap. 4.) der ungünstigste praktisch mögliche Fall zugrunde gelegt wurde, nämlich daß ein Fehlermaximum genau am Zahnkopf liegt. Zum anderen verschleifen sich die Spitzen in den tatsächlichen Flankenformfehler-Verläufen, so daß sich auch dadurch geringfügige Unterschiede zwischen berechneten und gemessenen Amplituden ergeben, wie noch gezeigt wird.

Dem Nomogramm läßt sich entnehmen, daß sich die aus einem Wälzfräser-Einspannfehler resultierende Eingriffsverlagerung um so stärker auswirkt, je größer der Grundkreisradius der erzeugten Verzahnung, je größer die Fräsergangzahl und je geringer die Werkrad-Zähnezahl ist. Die einzelnen Einflüsse wirken sich nicht linear aus.

Auf den vorgestellten grundlegenden Untersuchungen wird im folgenden aufgebaut. Es wird auf Wälzfräserfehler im einzelnen eingegangen; anschließend wird das Rechenverfahren auf die Auswirkung beliebiger Wälzfräserfehler auf erzeugte Flankenformen angewandt.

3. Wälzfräser-Eigenfehler, Eingriffsteilungsfehler und Flankenformfehler

Als Wälzfräser-Eigenfehler werden geometrische Größen von Wälzfräsern bezeichnet, die Flankenformfehler an Verzahnungen bewirken können.

In DIN 3968 sind 17 Wälzfräserfehler genormt und toleriert. Die Abb. 12 und 13 zeigen schematisch die der Norm entsprechend numerierten fehlerbehafteten Bestimmungsstücke:

1. Durchmesser der Bohrung
2. Form der Bohrung
3. Längs- und Quernut
4. Rundlauf an den Prüfbunden
5. Planlauf an den Spannflächen
6. Rundlauf am Zahnkopf
7. Form und Lage der Spanflächen
8. Einzelteilung der Spannuten
9. Teilungssprung der Spannuten
10. Summenteilung der Spannuten
11. Spannutenrichtung
12. Form der Schneidkante
13. Zahndicke
14. Fräsersteigungshöhe von Schneidkante zu Schneidkante
15. Fräsersteigungshöhe in Gangrichtung zwischen beliebigen Schneidkanten einer Windung
16. Eingriffsteilungsabschnitt
17. Eingriffsteilung innerhalb eines Eingriffsbereiches

15 dieser Fehler sind Einzelfehler, die z. T. voneinander unabhängig sind. Hieraus ergibt sich die Notwendigkeit, auch einen Sammelfehler zu tolerieren; der wichtigste Sammelfehler des Wälzfräsers ist sein Eingriffsteilungsfehler F_e innerhalb eines Eingriffsbereiches. Abb. 14 zeigt den Verlauf eines Eingriffsteilungsfehlers eines Fräsers.

Der Fehlerverlauf wird durch eine Folge von Fehlern von Eingriffsteilungsabschnitten gebildet.

Die Spitze eines jeden Balkens im Diagramm entspricht jeweils dem Meßpunkt an einem Fräserzahn. Der Differenzbetrag zwischen dem höchsten und dem niedrigsten Balken ist die Amplitude des Eingriffsteilungsfehlers F_e.

Der Eingriffsteilungsfehler ist das wichtigste Kriterium für die Fertigungsgenauigkeit des Wälzfräsers; die Form des Fehlers gestattet qualitative Aussagen über die Flankenform erzeubarer Verzahnungen. Getriebestörungen lassen sich nur dann vermeiden, wenn die Verzahnungen mit Korrekturen, z. B. höhenballig ausgeführt werden; diese Forderung bedeutet für den Wälzfräser, daß der Eingriffsteilungsfehler entsprechend Abb. 14 "konkav" verlaufen sollte, d. h. die Eingriffspunkte in Fuß- und Kopfnähe sollten gegenüber der Verzahnungsmitte vorstehen.

Der Eingriffsteilungsfehler eines Wälzfräsers ergibt sich aus der Überlagerung der Auswirkung aller seiner Einzelfehler auf die Lage der Fräserschneidenpunkte, die auf der gemessenen Eingriffslinie liegen. Da nicht zwischen allen Einzelfehlern berechenbare Zusammenhänge bestehen - die Einzelfehler können sich in der Überlagerung zum Eingriffsteilungsfehler verstärken oder abschwächen - und da jeder Wälzfräser unendlich viele verschiedene Eingriffslinien besitzt, kann von gemessenen Einzelfehlern nur in Sonderfällen auf den Verlauf des Eingriffsteilungsfehlers innerhalb eines Eingriffsbereiches geschlossen werden. Der Rückschluß ist immer dann möglich, wenn ein Einzelfehler gegenüber den anderen besonders groß ist.

3.1 Eingriffsteilungsfehler infolge der Einzelfehler von Wälzfräsern

In Abb. 15 sind die auf die jeweiligen Einzelfehler-Amplituden f bezogenen berechneten Eingriffsteilungsfehler-Amplituden für einen Eingriffswinkel von $20°$ zusammengestellt [3,4,5]. Ist der bezogene Eingriffsteilungsfehler $F_e^* = 100$ %, so bedeutet dies, daß die Amplitude des Eingriffsteilungsfehlers F_e gleich der betreffenden Einzelfehler-Amplitude des Wälzfräsers ist.

Aus der Tabelle folgt, daß Rundlauffehler am Zahnkopf allein keine Auswirkung auf den Eingriffsteilungsfehler haben. Rundlauffehlermessungen am Zahnkopf lassen jedoch Rückschlüsse auf andere Einzelfehler zu.

Die Auswirkung der Fehler der Form und Lage der Spanflächen und der Spannutenteilungsfehler sind vom Kopfhinterarbeitungswinkel α_a der Fräserzähne abhängig. Für den üblichen Bereich des Kopfhinterarbeitungswinkels $9° \leq \alpha_a \leq 12°$ wirken sich die genannten Einzelfehler mit 6 bis 8 % ihrer Amplitude auf den Eingriffsteilungsfehler aus.

Fehler der Spannutenrichtung wirken sich mit zunehmendem Modul stärker auf den Eingriffsteilungsfehler aus. Während der Spannutenrichtungsfehler bei kleineren Moduln vernachlässigbar kleine Eingriffsteilungsfehler ergibt (bei $m_n = 5$ mm wirkt sich der Spannutenrichtungsfehler nur zu ca. 3 % aus), ist bei größeren Moduln eine überschlägige Berechnung der Zulässigkeit größerer Spannutenrichtungsfehler zu erwägen.

Formfehler der Schneidkanten sind besonders zu beachten, da sie sich voll auf den Eingriffsteilungsfehler auswirken.

Zahndickenfehler und Steigungsfehler wirken sich mit 94 % fast voll auf den Eingriffsteilungsfehler aus. Haben jedoch alle Fräserzähne einen gleichgroßen Zahndickenfehler, so ergibt sich kein Eingriffsteilungsfehler; es ändert sich dadurch lediglich das Bezugsprofil des Fräsers in der Art, daß die Zahnhöhe und die Dicke am Zahnkopf nicht exakt stimmt.

Die Bedeutung der gezeigten Zusammenstellung der Eingriffsteilungsfehler-Amplituden durch Wälzfräser-Einzelfehler liegt vor allem darin, daß hiermit eine überschlägige Voraussage erzeugter

Flankenformfehler-Amplituden ermöglicht wurde. Insbesondere
konnte gezeigt werden, daß Fehler der Spanflächen durchweg nur
geringfügige Auswirkungen haben. Der Tabelle kann entnommen
werden, daß auf exakte Form und Lage der Schneidkanten geachtet
werden muß. Lagefehler der Schneidkanten spiegeln sich in Fehlern der Fräsersteigungshöhe wieder.

Die berechneten Eingriffsteilungsfehler aufgrund von Wälzfräser-Einzelfehlern bewirken Flankenformfehler an Verzahnungen, die
im folgenden diskutiert werden.

3.2 Flankenformfehler durch Eingriffsteilungsfehler

Die summarische Auswirkung aller Einzelfehler von Wälzfräsern
schlägt sich in seinem Sammelfehler, dem Eingriffsteilungsfehler
innerhalb eines Eingriffsbereiches, nieder.

Im folgenden wird die Kette der Fehler geschlossen, indem Eingriffsteilungsfehler von Wälzfräsern und hieraus resultierende
Flankenformfehler von Verzahnungen untersucht werden. Hierzu
wurden Eingriffsteilungen von Rechts- und Linksflanken zweier
Wälzfräser gemessen; es wurden mit diesen Fräsern Werkräder
verzahnt und deren Flankenformfehler gemessen. Die Meßschriebe
werden mit Flankenformfehler-Verläufen verglichen, die mit Hilfe des in Kapitel 2. beschriebenen Verfahrens berechnet wurden.
Zur Vereinfachung der Auswertung des Rechenverfahrens wurde ein
Digitalrechnerprogramm eingesetzt.

Abb. 16 zeigt im linken Teil Eingriffsteilungen von Rechts- und
Linksflanke eines Wälzfräsers, dessen Daten dem rechten Bildteil entnommen werden können. Dem Fräser wurden Spannutenteilungsfehler von $f_{uN} = 0,5$ mm eingeschliffen. Hieraus ergibt
sich mit einem Kopffreiwinkel von $\alpha_a = 10°$ ein Eingriffsteilungsfehler von $f_e = 32\ \mu m$. Dieses Rechenergebnis stimmt sehr gut
mit dem gemessenen Fehler überein. Im Mittelteil von Abb. 16
sind gemessene und nachgerechnete Flankenformfehler-Verläufe
der mit diesem Fräser bei einwandfreier Fräsereinspannung erzeugten Werkrad-Verzahnung untereinander dargestellt. Die berechneten Fehlerverläufe wurden durch Rasterung hervorgehoben.
Die eingezeichneten Punkte kennzeichnen die möglichen Eingriffspunkte von Wälzfräser und Werkradevolvente. Aufgrund der Ausbildung der Flankenform durch Hüllschnitte sind an der Fertigstellung der Flankenform infolge von Überschneidungen nur etwa
50 % der Fräserschneiden der eingesetzten Eingriffsbereiche
beteiligt. Abgesehen von den Rauhigkeiten der Werkrad-Zahnflanken ist eine gute Übereinstimmung von gemessenen und berechneten Fehlerverläufen ersichtlich.

Abb. 17 zeigt für einen anderen Verzahnungsfall die entsprechenden Diagramme. Es wurde ein Wälzfräser eingesetzt, dem mehrere
Zähne ausgebrochen waren. Diese Tatsache spiegelt sich in den
Eingriffsteilungsfehler-Diagrammen durch fehlende Meßpunkte
wieder.

Die fehlenden Fräserzähne lassen sich in der Art deuten, daß
deren Schneiden sehr weit gegenüber den Schneiden der benachbarten Fräserzähne zurückliegen. Schon ein qualitativer Amplitudenvergleich von Eingriffsteilungsfehlern und Flankenformfehlern

zeigt, daß die Flankenform kaum durch die ausgebrochenen Fräserzähne, sondern durch die Istlage der noch vorhandenen Schneiden bestimmt wird.

Beim Vergleich der Flankenformfehler mit den Eingriffsteilungsfehlern ist besonders zu beachten, daß Kopfpunkte der Fräserzähne Fußpunkte der Werkrad-Verzahnung ausbilden. Die Eingriffsteilung der Linksflanken muß demnach spiegelbildlich mit den dazugehörigen Flankenformfehlern verglichen werden (vgl. Beschriftung der Diagramme in Abb. 17).

Auch hier ist eine gute Übereinstimmung zwischen Messung und Nachrechnung zu erkennen. Da die Istlage der Eingriffspunkte von Fräserzahn zu Fräserzahn nur geringfügig von der Sollage abweicht - um maximal 6 μm -, ergibt sich ein Flankenformfehler-Verlauf, der von allen im Eingriffsbereich liegenden vorhandenen Fräserschneiden mitbestimmt wird.

Die Meßergebnisse bestätigen deutlich, daß sich einzelne zurückliegende Fräserschneiden kaum auf Flankenformfehler auswirken (vgl. Kap. 2.2). Diese Tatsache wurde im Meßbeispiel in Abb. 17 am Extremfall fehlender Fräserzähne nachgewiesen.

Einzelne vorstehende Schneidenpunkte wirken sich immer in voller Größe auf Flankenformfehler aus; dies wurde durch das Meßbeispiel in Abb. 16 bestätigt.

Die theoretischen Flankenformfehler-Verläufe wurden mit Hilfe der dargestellten Eingriffsteilungen berechnet. Es ist eine gute Übereinstimmung mit den gemessenen Flankenformfehlern erkennbar. Hieraus läßt sich schließen, daß alle rechten bzw. linken Eingriffsteilungen eines Fräsers einen ähnlichen Verlauf haben, da es als sicher gelten kann, daß bei der Fertigung der Versuchszahnräder nicht genau die Wälzfräser-Schneidenpunkte in Eingriff waren, die bei der Eingriffsteilungsfehlermessung abgetastet wurden.

Im übrigen zeigen die Meßbeispiele, daß die Flankenformfehler-Amplituden wälzgefräster Verzahnungen nie größer sind als die Eingriffsteilungsfehler-Amplituden der Wälzfräser. Die in Abb. 15 zusammengestellten Eingriffsteilungsfehler aufgrund von Wälzfräser-Einzelfehlern erhalten dadurch besondere Bedeutung, da sie zur Abschätzung maximal möglicher Flankenformfehler dienen können.

Nachdem bisher Wälzfräser-Eigenfehler behandelt wurden, werden im folgenden Wälzfräser-Einspannfehler und daraus resultierende Flankenformfehler der Stirnradverzahnungen untersucht.

4. Wälzfräser-Einspannfehler, Eingriffsverlagerung und Flankenformfehler

Ein Wälzfräser-Einspannfehler liegt dann vor, wenn die Drehachse des Fräsers nicht mit seiner Verzahnungsachse, sie ist die Achse der Fräserhüllschraube, zusammenfällt. Beide Achsen verlaufen windschief zueinander. Hieraus resultieren <u>wirksame Eingriffsteilungsfehler</u>, die im folgenden als <u>Eingriffsverlagerung A</u> bezeichnet werden.

Anhand von Abb. 18 läßt sich dieser allgemeine Fall eines Wälzfräser-Einspannfehlers, der durch die Rundlauffehler e_1 und e_2 in den Stirnflächen des Fräsers, durch deren Phasenlage zueinander sowie durch die Fräserbreite b charakterisiert ist, immer in 2 Sonderfälle zerlegen:

1. Die Verzahnungsachse des Fräsers verläuft parallel zu seiner Drehachse im Abstand e,

2. die Verzahnungsachse des Fräsers schneidet seine Drehachse in Fräsermitte unter dem Taumelwinkel ϵ_o.

Bei der Überlagerung beider Sonderfälle ist der Winkel τ zwischen den Vektoren e und e_τ zu berücksichtigen. Im folgenden wird die Auswirkung von Wälzfräser-Einspannfehlern auf Eingriffsverlagerungen berechnet.

4.1 Eingriffsverlagerung durch Fräserrundlauffehler

Eine außermittige Wälzfräser-Einspannung ist dadurch gekennzeichnet, daß die Verzahnungsachse des Fräsers im Abstand e parallel zu seiner Drehachse verläuft (vgl. Abb. 18). Die hieraus resultierende radiale periodische Achsabstandsänderung E des Fräserbezugsprofils zum Werkrad läßt sich anhand von Abb. 19 berechnen [3].

Es ist

$$E = x_e - r_a \qquad (33)$$

Mit Hilfe der Kreisgleichung in Polarkoordinaten ergibt sich x_e zu

$$x_e = e \cdot \cos\delta + \sqrt{r_a^2 - e^2 \cdot \sin^2\delta} \qquad (34)$$

In Gl. (34) ist δ der Drehwinkel des Fräsers. Gl. (34) in Gl. (33) eingesetzt ergibt:

$$E = e \cdot \cos\delta - r_a + \sqrt{r_a^2 - e^2 \cdot \sin^2\delta} \qquad (35)$$

Die aus dieser Achsabstandänderung resultierende Eingriffsverlagerung ergibt sich zu

$$\tilde{A}_e = E \cdot \sin\alpha_n \qquad (36)$$

Da $e \ll r_a$ ist, läßt sich Gl. (35) in guter Näherung vereinfachen zu

$$E = e \cdot \cos\delta$$

Mit Gl. (36) folgt hieraus

$$\tilde{A}_e = e \cdot \sin\alpha_n \cdot \cos\delta \qquad (37)$$

Die Doppelamplitude der Eingriffsverlagerung ergibt sich hieraus zu

$$A_e^* = 2 \cdot e \cdot \sin\alpha_n \qquad (38)$$

Die Größe e entspricht der einfachen Amplitude der an den Prüfbunden des Wälzfräsers meßbaren Rundlauffehler.

Für einen Eingriffswinkel von $\alpha_n = 20°$ beträgt die Doppelamplitude der Eingriffsverlagerung A_e^* durch Fräserrundlauffehler demnach etwa 34 % der Doppelamplitude des Rundlauffehlers 2e. Flankenformfehler-Amplituden aufgrund von Eingriffsverlagerungen A_e^* lassen sich mit Hilfe des bereits diskutierten Nomogramms in Abb. 11 ermitteln. In Kapitel 4.4 werden entsprechende Berechnungen mit Meßbeispielen verglichen.

4.2 Eingriffsverlagerung durch Taumelfehler

Eine taumelnde Wälzfräser-Einspannung ist dadurch gekennzeichnet, daß die Drehachse des Fräsers seine Verzahnungsachse in Fräsermitte schneidet. Beide Achsen schließen den Winkel ϵ_o miteinander ein. Anhand von Abb. 18 folgt für diesen Fall:

$$e_\tau = e_1 = e_2; \quad e = 0; \quad \omega = 180°$$

Um die bei taumelnder Wälzfräser-Einspannung auftretenden Abweichungen der Eingriffspunkte von ihrer Sollage berechnen zu können, muß zunächst für verschiedene Wälzstellungen die Sollage der Eingriffspunkte von Rechts- und Linksflanken berechnet werden.

Abb. 20 zeigt Rechts- und Linksflanken eines Wälzfräser-Bezugsprofils in einem Koordinatensystem, aus dem die Lage des Werkrades zum Fräser hervorgeht. Die Ordinate liegt in Fräsermitte, nach obiger Definition also im Taumelzentrum.

In Richtung der Abszisse ist der zum Bezugsprofil axiale Abstand s des Werkradzentrums vom Fräserzentrum eingezeichnet. Aus dieser Konstellation ergeben sich mit dem Eingriffswinkel α_n die Eingriffslinien für Rechts- und Linksflanken. Mit dem Kopfkreisradius des Fräsers r_a und seiner Zahnhöhe h_w ergeben sich die beiden Eingriffsstrecken; nur Fräserschneidenpunkte, die auf den Eingriffsstrecken liegen, können Evolventenpunkte an der Werkradverzahnung ausbilden. Schnitte der Eingriffslinien mit den Flanken des Bezugsprofils - dieses verschiebt sich während des Abwälzens von Wälzfräser und Werkrad parallel zur Abszisse - ergeben die gesuchten Soll-Eingriffspunkte.

Die Gleichungen der Eingriffslinien lassen sich aus dem Bild unmittelbar ablesen. Für die rechte Eingriffslinie gilt:

$$y = x \cdot \tan\alpha_n + \frac{r_g}{\cos\alpha_n} - s \cdot \tan\alpha_n \qquad (39)$$

Die linke Eingriffslinie hat die Gleichung

$$y = -x \cdot \tan\alpha_n + \frac{r_g}{\cos\alpha_n} + s \cdot \tan\alpha_n \qquad (40)$$

Die Gleichungen der Flanken des Bezugsprofils lassen sich am einfachsten mit Hilfe der Punkt-Steigungs-Form der Geradengleichung bestimmen. Die Steigungen betragen $\pm \cot\alpha_n$. Als Festpunkte wurden die Kopfpunkte der Flanken gewählt. Die Ordinate der Kopfpunkte beträgt r_a. Der Abszissenwert wurde auf einen Anfangswert x_{max} bezogen, der sich aus mehreren Summanden zusammensetzt:

$$x_{max} = s + \frac{h_w - h_{aw}}{\tan\alpha_n} + h_w \cdot \tan\alpha_n + \frac{b_a}{2} \qquad (41)$$

Für die Abszissenwerte der Kopfpunkte ergeben sich die Beziehungen

$$x_r = x_{max} - x + \frac{b_a}{2} \qquad (42)$$

$$x_l = x_{max} - x - \frac{b_a}{2} \qquad (43)$$

Die Indices beziehen sich auf Rechts- bzw. Linksflanken.

Die Gleichungen der Flanken des Bezugsprofils ergeben sich zu

$$y_r = -2 \cdot x \cdot \cot\alpha_n + (x_{max} + \frac{b_a}{2}) \cdot \cot\alpha_n + r_a \qquad (44)$$

$$y_l = 2 \cdot x \cdot \cot\alpha_n - (x_{max} - \frac{b_a}{2}) \cdot \cot\alpha_n + r_a \qquad (45)$$

Die Sollage der Eingriffspunkte berechnet sich als Schnitt der Eingriffslinien mit den Flanken des Bezugsprofils. Mit Gl. (39) bis (45) ergeben sich die Koordinaten der Eingriffspunkte zu

$$x_{rSoll} = \frac{x_r \cdot \cot\alpha_n + r_a + s \cdot \tan\alpha_n - \frac{r_g}{\cos\alpha_n}}{\tan\alpha_n + \cot\alpha_n} \qquad (46)$$

$$y_{rSoll} = x_{rSoll} \cdot \tan\alpha_n + \frac{r_g}{\cos\alpha_n} - s \cdot \tan\alpha_n \qquad (47)$$

$$x_{lSoll} = \frac{x_l \cdot \cot\alpha_n - r_a + s \cdot \tan\alpha_n + \frac{r_g}{\cos\alpha_n}}{\tan\alpha_n + \cot\alpha_n} \qquad (48)$$

$$y_{lSoll} = -x_{lSoll} \cdot \tan\alpha_n + \frac{r_g}{\cos\alpha_n} + s \cdot \tan\alpha_n \qquad (49)$$

Ausschlaggebend für die Größe der Eingriffsverlagerung ist die
Verschiebung des Fräser-Bezugsprofils in Richtung der Achsverbindenden von Wälzfräser und Werkrad. Bei Drehung des Fräsers
um seine Achse um den Winkel δ verlagert sich das Bezugsprofil
proportional zum Winkel

$$\epsilon = \epsilon_o \cdot \cos\delta \qquad (50)$$

sowie zum Abstand s zwischen der oben genannten Achsverbindenden
und der Fräsermitte.

Anhand von Abb. 21 soll die Istlage der Eingriffspunkte aufgrund des Taumelfehlers berechnet werden. Diese ergibt sich analog zur Sollage durch Schnitt der Eingriffslinien mit der Istlage der Flanken des Bezugsprofils. Die Steigungen der Flanken
ergeben sich zu $-\cot(\alpha_n+\epsilon)$ für die Rechtsflanken und $\cot(\alpha_n-\epsilon)$
für die Linksflanken.

Zur Bestimmung der jeweiligen Lage der Kopfpunkte der Flanken
des Bezugsprofils lassen sich der Abbildung folgende Beziehungen
entnehmen:

$$\Omega_{r,1} = \arctan \frac{r_a}{x_{Ar,1}} \qquad (51)$$

$$r_{r,1} = \sqrt{r_a^2 - x_{Ar,1}^2} \qquad (52)$$

$$x'_{Ar,1} = r_{r,1} \cdot \cos(\Omega_{r,1}+\epsilon) \qquad (53)$$

$$y'_{Ar,1} = r_{r,1} \cdot \sin(\Omega_{r,1}+\epsilon) \qquad (54)$$

Die Istlagen der Schneidkanten sind durch die folgenden Gleichungen bestimmt:

Rechtsflanke:

$$y = -\cot(\alpha_n-\epsilon)\cdot(x-x'_{Ar})+y'_{Ar} \qquad (55)$$

Linksflanke:

$$y = \cot(\alpha_n+\epsilon)\cdot(x-x'_{Al})+y'_{Al} \qquad (56)$$

Abgesehen vom Eingriffswinkel α_n sind alle Variablen der Gl.
(55), (56) vom Fräserdrehwinkel δ abhängig.

Die Istlage der Eingriffspunkte ergibt sich als Schnitt der
Eingriffslinien mit den Istlagen der Flanken des Bezugsprofils.
Dieser Schnitt läßt sich wegen der goniometrischen Abhängigkeit
(y=f[x,g(x)], wobei g(x) eine trigonometrische Funktion darstellt) nicht explizit lösen. Zur Lösung dieses Rechenganges
wurde deshalb ein Iterationsverfahren angewandt.

Der jeweilige Ist-Eingriffspunkt ergibt sich als $E'(x'_{Er,1}, y'_{Er,1})$.
Auf den Eingriffslinien ist dann der Abstand des Ist-Eingriffspunktes vom Soll-Eingriffspunkt die gesuchte Eingriffsverlagerung. Sie errechnet sich aus

$$\tilde{A}_{\tau r,1} = \sqrt{(\Delta x_{r,1})^2 + (\Delta y_{r,1})^2} \tag{57}$$

mit

$$\Delta x_{r,1} = x_{Er,1} - x'_{Er,1} \tag{58}$$

und

$$\Delta y_{r,1} = y_{Er,1} - y'_{Er,1} \tag{59}$$

Ist die Differenz der x-Werte negativ, so ist $\tilde{A}_{\tau r}$ mit negativem Vorzeichen zu versehen, ist die Differenz positiv, so ist das Vorzeichen von $\tilde{A}_{\tau 1}$ negativ.

Als Ergebnis der Berechnung der Eingriffsverlagerung aufgrund von Taumelfehlern ergeben sich sinusähnliche Kurven.

Um dem Praktiker die Möglichkeit zu geben, die zur Flankenformfehler-Berechnung benötigte Eingriffsverlagerung aufgrund taumelnder Wälzfräser-Einspannung schnell und einfach ermitteln zu können, wurden die Ergebnisse der Berechnung der Eingriffsverlagerung in einem Nomogramm zusammengefaßt. In Abb. 22 ist die Doppelamplitude der Eingriffsverlagerung A^*_τ für Rechts- und Linksflanken von Verzahnungen für einen Eingriffswinkel von $\alpha_n = 20°$ dargestellt.

Die Eingriffsverlagerung ist vom Normalmodul m_n, von der Verschiebung s des Werkrades aus der Fräsermitte - eine Verschiebung nach rechts ist entsprechend Abb. 20 positiv - sowie vom Taumelwinkel ϵ_o abhängig. Die Anwendung des Nomogramms ist für $m_n = 5$ mm, $s = 16$ mm und $\epsilon_o = 3'$ im Bild eingezeichnet. Es ergibt sich hieraus eine Eingriffsverlagerung von $A^*_\tau = 148$ μm.

Das Nomogramm ist für den Eingriffswinkel $\alpha_n = 20°$ gültig. Für beliebige Eingriffswinkel läßt sich die Doppelamplitude für die im Bild eingezeichneten Grenzen der Parameter mit einem Berechnungsfehler von maximal 3 % vom exakten Ergebnis in Form einer zugeschnittenen Größengleichung angeben:

$$A^*_{\tau r,1} = \epsilon_o \cdot (10,9 \cdot m_n \mp 0,009 \cdot s \cdot \alpha_n) \tag{60}$$

Das negative Vorzeichen ist für die Rechtsflanken, das positive für die Linksflanken der Verzahnung gültig. Setzt man den Taumelwinkel ϵ_o in Winkelminuten (vgl. Abb. 24), den Modul m_n und die Verschiebung s in Millimeter und den Eingriffswinkel α_n in Grad ein, so ergibt sich die Doppelamplitude der Eingriffsverlagerung in Mikrometer.

Flankenformfehler aufgrund von Eingriffsverlagerungen A_τ^* lassen
sich mit Hilfe des bereits diskutierten Nomogramms in Abb. 11
ermitteln. In Kapitel 4.4 werden entsprechende Berechnungen mit
Meßbeispielen verglichen.

4.3 Eingriffsverlagerung durch beliebige Wälzfräser-Einspannfehler

Der allgemeine Fall einer taumelnden Wälzfräser-Einspannung ist
dadurch gekennzeichnet, daß die Drehachse des Fräsers windschief zu seiner Verzahnungsachse verläuft. Dieser Fall ist in
Abb. 18 skizziert. Wie schon erwähnt, läßt sich dieser allgemeine Fall durch Überlagerung der Auswirkung eines Rundlauffehlers (vgl. Kap. 4.1) und eines Taumelfehlers (vgl. Kap. 4.2)
berechnen. Aus den meßbaren Rundlauffehlern an den beiden Prüfbunden des Wälzfräsers e_1 und e_2 sowie aus dem Winkel ω zwischen
e_1 und e_2 und der Fräserbreite b müssen zunächst die Größen e_τ,
e, τ und ϵ_o (vgl. Abb. 18) berechnet werden.

Die Größe e_τ folgt aus

$$e_\tau = \frac{1}{2}\sqrt{e_1^2+e_2^2-2\cdot e_1\cdot e_2\cdot\cos\omega} \tag{61}$$

Aus e_1, e_2 und e_τ läßt sich e berechnen:

$$e = \frac{1}{2}\sqrt{2(e_1^2+e_2^2)-(2\cdot e_\tau)^2} \tag{62}$$

Der Taumelwinkel ϵ_o errechnet sich zu

$$\epsilon_o = \frac{1}{2}\arcsin\frac{4e_\tau}{b} \tag{63}$$

Schließlich gilt für den Überlagerungswinkel τ

$$\tau = \pi - \arccos\frac{e^2+e_\tau^2-e_1^2}{2\cdot e\cdot e_\tau} \tag{64}$$

Um die Ermittlung der Größen e, e_τ, ϵ_o und τ zu erleichtern,
wurden die Funktionen in den Abb. 23, 24 und 25 graphisch dargestellt. Die Handhabung der Diagramme wurde für einen Wälzfräser-Einspannfehler eingezeichnet, der durch folgende Größen gekennzeichnet ist: e_1 = 50 μm, e_2 = 35 μm, ω = 120° und b = 88 mm.
Aus Abb. 23 ergeben sich die Vektoren e_τ und e aus dem Phasenwinkel ω und dem Fehlerverhältnis e_{min}/e_{max}, wobei e_{min} der
kleinere, e_{max} der größere Rundlauffehler von e_1 und e_2 ist. Es
ist also e_{min}/e_{max} = e_2/e_1 = 35 μm/50 μm = 0,7. Mit ω = 120°
liefert das Diagramm die Faktoren $k_{e\tau}$ und k_e zu $k_{e\tau}$ = 0,74 und
k_e = 0,44. e_τ und e berechnen sich aus $e_\tau = e_{max}\cdot k_{e\tau}$ und e =
$e_{max}\cdot k_e$ zu 37 μm und 22 μm.

25

Aus Abb. 24 ergibt sich der Taumelwinkel ϵ_o mit Hilfe des Taumelfehlers e_T und der Fräserbreite b zu 3 Winkelminuten. Abb. 25 liefert mit dem Fehlerverhältnis e_2/e_1 und dem Winkel ω den Überlagerungswinkel zu $\tau = 67°$.

Die Größe e (Gl. (62)) wird zum Einsetzen in Gl. (38) zur Berechnung des Rundlauffehleranteils A_e^* der Eingriffsverlagerung benötigt, ϵ_o (Gl. (63)) wird zur Ermittlung des Taumelfehleranteils A_τ^* aus dem Nomogramm in Abb. 22 oder aus Gl. (60) gebraucht. Der Überlagerungswinkel τ (Gl.(64)) kennzeichnet die Phasenlage zwischen den Eingriffsverlagerungen beider Anteile.

Beim Verzahnen sind jeweils die mit dem Fräserdrehwinkel δ veränderlichen Eingriffsverlagerungen $\tilde{A}_\tau$ und $\tilde{A}_e$ in Ebenen senkrecht zur Werkradverzahnung wirksam.

Die Eingriffsverlagerungen berechnen sich für Rechts- und Linksflanken der Verzahnung anhand von Abb. 26 mit Gl. (37) und (57) zu

$$\tilde{A}_{r,l} = \tilde{A}_e + \tilde{A}_{\tau r,l} \tag{65}$$

Der Verlauf der Eingriffsverlagerung aufgrund einer beliebigen fehlerhaften Wälzfräser-Einspannung ist annähernd sinusförmig. Die Doppelamplitude der Eingriffsverlagerung ergibt sich unter Berücksichtigung der Winkel

$$\varphi_{r,l} = \arctan \frac{A_{\tau r,l}^* \cdot \cos\tau \mp A_e^*}{A_{\tau r,l}^* \cdot \sin\tau} \tag{66}$$

und Gl. (38), (60) und (64) zu

$$A_{r,l}^* = A_{\tau r,l}^* \cdot \sin(\tau + \varphi_{r,l}) \mp A_e^* \cdot \sin\varphi_{r,l} \tag{67}$$

Das negative Vorzeichen ist für die Rechtsflanken, das positive für die Linksflanken von Verzahnungen gültig.

4.4 Flankenformfehler durch Wälzfräser-Einspannfehler

Zur Untermauerung der Berechnung der Eingriffsverlagerung und der Flankenform wälzgefräster Verzahnungen aufgrund von Wälzfräser-Einspannfehlern wurden einige gemessene Beispiele fehlerhafter Einspannungen nachgerechnet. Die Fräsversuche waren durch folgende Daten gekennzeichnet:

Verzahndaten
Gegenlauf-Wälzfräsverfahren
Letzte Zustellung 1,5 mm
Schnittgeschwindigkeit 35 m/min
Axialvorschub 0,82 mm/U

Werkrad
Zähnezahl 25
Schrägungswinkel 0°
Radbreite 36 mm
Werkstoff Ck 45 N

Fräser
Eingriffswinkel 20°
Normalmodul 5 mm
Gangzahl 1
Spannutenzahl 10
Steigungswinkel 3°17'
Bezugsprofil II (DIN 3972)
Güteklasse A (DIN 3968)
Werkstoff HF - E

Abb. 27 zeigt die aus 6 verschiedenen fehlerhaften Einspannungen des Wälzfräsers resultierenden Flankenformfehler-Verläufe für Rechts- und Linksflanken der gefertigten Zahnräder. Unter den gemessenen Flankenformfehlern sind jeweils die durch Rasterung hervorgehobenen berechneten Fehler sowie die durch gestrichelte Linien dargestellten Eingriffsverlagerungen angeordnet. Im unteren Teil jedes Beispiels sind der allen Schrieben gemeinsame Maßstab sowie die die fehlerhafte Einspannung kennzeichnenden gemessenen Rundlauffehlervektoren an den Prüfbunden e_1 und e_2, der Phasenwinkel ω zwischen beiden Vektoren sowie die Verschiebung s (vgl. Abb. 20) angegeben. Die Rundlauffehlervektoren wurden durch Verwendung fehlerhafter Distanzringe gezielt groß eingestellt, um anhand dieser extremen Beispiele deutlich die praktische Bedeutung der Flankenformfehler-Nachrechnung zeigen zu können. Wie aus Abb. 11 entnommen werden kann, wirken sich im eingezeichneten Verzahnungsfall Eingriffsverlagerungen kleiner als 75 μm - diese Amplitude kann bei unsachgemäßer Fräsereinspannung leicht auftreten - zu 100 % auf die erzeugbare Flankenform aus.

Dies bedeutet, daß sich der Flankenformfehler-Verlauf dem sinusförmigen Verlauf der Eingriffsverlagerung so stark annähert, daß die charakteristischen Spitzen in den Meßschrieben kaum noch zu erkennen wären.

Bei den oberen drei Beispielen in Abb. 27 wurde die Verschiebung s (vgl. Abb. 20) von + 16 mm über 0 zu - 16 mm variiert. Der Vergleich der Flankenformfehler-Verläufe zeigt den relativ geringen Einfluß der Lage des Fräsers zum Werkrad. Die beiden unten links dargestellten Verzahnungsfälle bestätigen diese Tatsache für eine andere fehlerhafte Fräsereinspannung. Unten rechts in Abb. 27 ist ein Fall dargestellt, bei dem der an einem Prüfstand gemessene Rundlauffehler mit 8 μm relativ gering ist; trotzdem ergeben sich große Flankenformfehler-Amplituden infolge des Rundlauffehlers am anderen Prüfbund von 65 μm.

In allen gezeigten Beispielen ist eine gute Übereinstimmung von Messung und Nachrechnung ersichtlich. Die Unebenheiten in den gemessenen Flankenformfehlern resultieren z. T. aus Eigenfehlern des eingesetzten Wälzfräsers, z. T. aus rechnerisch nicht erfaßbaren Rauhigkeiten.

Aus den durchgeführten Untersuchungen folgt eine wichtige Erkenntnis: die Flankenformfehler-Amplituden aufgrund kleinerer Wälzfräser-Einspannfehler erreicht im allgemeinen die Amplitude der Eingriffsverlagerung. Es konnte gezeigt werden, daß besonders große Eingriffsverlagerungen nur selten voll als Flankenformfehler wirksam werden.

Die für die Verzahnungspraxis wichtigsten Ergebnisse der durchgeführten Berechnungen und Messungen lassen sich in wenige Sätze fassen:

Soll eine Verzahnung eine bestimmte Flankenformfehler-Amplitude f_{fzul} nicht überschreiten, muß bei Einsatz einer guten Wälzfräsmaschine - moderne Maschinen gewährleisten beste Verzahnungsqualitäten - beachtet werden, daß die Summe aus dem Eingriffsteilungsfehler F_e des Fräsers und der Eingriffsverlagerung A^* aufgrund seiner Einspannfehler f_{fzul} nicht übersteigt:

$$f_{fzul} \geq F_e + A^* \qquad (68)$$

Der Eingriffsteilungsfehler muß nach jedem Scharfschliff des Fräsers gemessen werden und ist somit bekannt. Zieht man seine Amplitude von der zulässigen Flankenformfehler-Amplitude ab, ergibt sich die zulässige Eingriffsverlagerung zu

$$A^* \leq f_{fzul} - F_e.$$

Hiermit errechnen sich die zulässigen Rundlauffehler an den Prüfbunden des eingespannten Wälzfräsers e_1 bzw. e_2 (vgl. Abb. 18) näherungsweise zu

$$e_{1,2} \leq \frac{A^*}{2 \cdot \sin\alpha_n}$$

Die angegebene Beziehung hat dann Gültigkeit, wenn beide Rundlauffehler einen Winkel $\omega \leq 90°$ miteinander einschließen. Diese Forderung läßt sich relativ einfach durch Verdrehen der Distanzscheiben an den Spannflächen des Fräsers erfüllen. Die angegebenen Ungleichungen gestatten mit Hilfe des vorgestellten Berechnungsverfahrens zur Ermittlung der Eingriffsverlagerung A^* eine sichere Aussage darüber, ob eine geforderte Verzahnungsqualität im Hinblick auf den Flankenformfehler der Verzahnung mit einem bestimmten Wälzfräser in einer bestimmten Einspannung erreichbar ist.

Der Benutzer von Wälzfräsern hat keinen Einfluß auf dessen Eingriffsteilungsfehler, wohl aber auf die Eingriffsverlagerung. Es kommt also darauf an, durch geeignete Maßnahmen eine optimale Genauigkeit des Fräserrundlaufs zu erzielen.

Wegen der großen praktischen Bedeutung der einwandfreien Wälzfräser-Einspannung wird im folgenden auf Ursachen von Einspannfehlern und Möglichkeiten der Verbesserung eingegangen.

4.5 Möglichkeiten zur Verbesserung der Wälzfräser-Einspannung

Bei der konstruktiven Auslegung von Wälzfräser-Einspannungen müssen verschiedene Punkte beachtet werden. Neben allgemeinen Forderungen wie preiswerte fertigungsgerechte Gestaltung, gute Zugänglichkeit der Spannstelle, leichtes und schnelles Spannen und Lösen der Verbindung ist bei Wälzfräser-Einspannungen vor allem darauf zu achten, daß der Fräser durch das Spannen nicht verzogen wird und in der Einspannung einwandfrei rundläuft. Eine hohe Steifigkeit der Einspannung und die Sicherheit gegen selbständiges Lösen muß unter allen Betriebsbedingungen gewährleistet sein. Die Einspannung darf die Prüfbunde und Spannflächen des Fräsers bei üblicher Beanspruchung nicht verletzen, da diese Bezugsflächen seine Wiederverwendbarkeit sichern.

Wälzfräser-Einspannfehler lassen sich auf unterschiedliche Ursachen zurückführen. Der Fräserdorn kann sich aufgrund ungenauer Lagerung radial oder axial bewegen. Außerdem kann er plastisch verformt sein und dadurch unrund laufen.

Läuft der Fräserdorn einwandfrei rund, so kann ein Taumeln des Fräsers durch seine Mitnahme bedingt sein. Die Mitnahme erfolgt kraftschlüssig durch axiales Einspannen an den stirnseitigen Spannflächen des Wälzfräsers. Die Spannflächen müssen unbedingt senkrecht zur Verzahnungsachse des Fräsers liegen. Ist dies nicht der Fall, wird der Fräser beim Einspannen verzogen, was wiederum zu Taumelfehlern führt. Zur Sicherung der Mitnahme haben fast alle Wälzfräser eine Längsnut in der Bohrung oder stirnseitig Quernuten. Besonders die Längsnut kann sich sehr nachteilig auswirken. Hier erfolgt die Kraftübertragung u. U. asymetrisch, was zu Verformungen an Fräserdorn und Wälzfräser führen kann. Durch die Längsnut werden bei der Wärmebehandlung der Fräser Spannungen hervorgerufen, die später zum Fräserbruch führen können. Im übrigen wird durch die Längsnut das Schleifen einer formgenauen Bohrung erschwert. Nach Möglichkeit sollte auf eine Nutung verzichtet werden, was selbstverständlich eine genügend große axiale Einspannkraft voraussetzt.

Zur Umgehung der Schwierigkeiten der korrekten Einspannung empfiehlt sich zur Herstellung hochgenauer Verzahnungen der Einsatz von Schaftfräsern. Solche Fräser sind mit dem Fräserdorn als Einheit gefertigt. Der Anschaffungspreis liegt allerdings erheblich über dem üblicher Wälzfräser.

Auch mit herkömmlichen Wälzfräsern lassen sich die Vorteile des Schaftfräsers verwirklichen, indem man sie auf einem Fräserdorn einspannt und die Einspannung durch Ausgießen des Hohlraums zwischen Dorn und Fräserbohrung mit Kunststoff sichert. Die Verzahnung des Fräsers wird erst nach diesem Verbund geschliffen. Der Fräser bleibt bis zu seinem Erliegen auf seinem Dorn. In Sonderfällen könnte der Fräser auch zum Nachschliff auf der Wälzfräsmaschine belassen werden; dies setzt jedoch spezielle Teil- und Schleifvorrichtungen an der Maschine voraus.

Kann man z. B. wegen vorhandener Wälzfräser und Verzahnmaschinen nicht von der konventionellen Wälzfräser-Einspannung abgehen, so ist bei der Herstellung von Genauigkeitsverzahnungen auf verschiedene Punkte besonders zu achten. Die Fräserbohrung sollte ohne Aussparung in der Passung H4 gefertigt sein, um den Fräser auf dem Dorn spielfrei zentrieren zu können. Keinesfalls sollten Dehndorne verwendet werden, da diese die Bohrung aufweiten und den Fräser verspannen würden, so daß sich z. B. bei Kippstollenfräsern einzelne Stollen lösen könnten. Es sollten für einen Nenndurchmesser verschiedene sehr gute zylindrische Fräserdorne mit Durchmesser-Abständen von etwa 5 μm vorhanden sein, um für jeden Fräser einen günstigen Dorn auswählen zu können, auf den er sich saugend aufschieben läßt.

Die Einspannung des Fräsers sollte in rein axialer Richtung an den Spannflächen erfolgen. Zwischen Spannelement und Wälzfräser sollten hochgenaue Distanzscheiben angebracht werden. Der Planlauf der Distanzscheiben sollte gemessen und die Planlauffehler-Maxima an jeder Scheibe gekennzeichnet sein, um die Möglichkeit des gezielten Verdrehens der Scheiben zum Ausgleich von Fehlern der Spannflächen des Fräsers zu schaffen. Zur Einspannung kleinerer Fräser sind Distanzscheiben aus Kunststoff vorteilhaft.

Das heute noch übliche Spannelement ist die Spannmutter. Bei ihrer Anwendung ist zu beachten, daß Mutter und Dorn unbedingt Spiel im Gewinde haben müssen, um unvermeidliche Ungenauigkeiten der Gewinde ausgleichen zu können. Der Spannmutter haftet der Nachteil an, daß zum Spannen und Lösen ein großer Kraftaufwand erforderlich ist. Im übrigen ist ein Verdrillen des Fräserdorns unvermeidlich, wodurch die Rundlaufgenauigkeit beeinträchtigt wird.

Um eine rein axiale Einspannung zu erreichen, bieten sich mechanische oder hydraulische Spannelemente mit Kraftübersetzung an. Bei der Herstellung großer Zahnräder, die mehrere Stunden oder Tage Fräszeit benötigen, sollten hydraulische Elemente zur Sicherheit der Einspannung über längere Zeit öfter nachgespannt werden.

Abb. 28 [6,8] zeigt zwei ausgeführte Beispiele mechanischer Wälzfräser-Einspannungen, anhand von Abb. 29 [9] soll auf hydraulische Spannelemente näher eingegangen werden.

Im oberen Teil von Abb. 29 ist eine Wälzfräser-Einspannung mit einer Spannmutter mit Spannkraftübersetzung dargestellt. Auf den Fräserdorn ① wird zwischen zwei Distanzscheiben ② der Wälzfräser und anschließend die Laufbüchse ③ aufgeschoben, die mit der Spannmutter ④ zusammengespannt werden. Wälzfräser und Laufbüchse haben Zentrierglieder. Diese werden durch die Bohrungen umschließende L-förmige Ringe ⑤ gebildet, deren Stirnflächen in ungespanntem Zustand gegenüber den äußeren Planflächen um ca. 50 µm vorstehen. Bei axialer Verspannung legen sich die Zentrierlippen an den Fräserdorn an. Steifigkeitsmessungen [7] ergaben keinen Unterschied zwischen diesem Wälzfräsertyp und Wälzfräsern mit üblicher Bohrung, wenn beide unter gleichen Bedingungen eingespannt und belastet wurden, während die Rundlaufgenauigkeit des selbstzentrierenden Wälzfräsers üblichen Fräsern weit überlegen ist.

Die Spannmutter wird von Hand bis zur Anlage aller Teile aufgeschraubt. Anschließend wird die Innensechskantschraube ⑥ angezogen. Sie drückt auf eine Kippscheibe ⑦, über welche die Kraft durch einfache Hebelwirkung mit einer Übersetzung 1 : 2 auf die Außenbüchse der Spannmutter übertragen wird. Die mit ⑧ gekennzeichnete Schraube dient zur Verspannung der Gewinde von Mutter und Dorn gegeneinander zur Sicherung gegen Lösen z. B. infolge von Schwingungen.

Das Hauptmerkmal des im unteren Bildteil dargestellten Fräskopfes ist einerseits das aus einem Stück bestehende Gehäuse mit Pinolenlagerung für Frässpindel und Gegenlager, andererseits die Fräserspanndornaufnahme, die Frässpindel, Fräserspanndorn und Gegenlager mittels einer Spannseele zu einer kompakten Einheit verbindet. Außerhalb der Wälzfräsmaschine wird sowohl die Befestigung des Wälzfräsers auf dem Aufspanndorn vorgenommen, als auch ein einwandfreier Rundlauf durch eine axiale Justiereinrichtung erzielt. Im übrigen wird die Rüstzeit dadurch verkürzt, daß das Gegenlager beim Fräserwechsel nicht demontiert werden muß.

Abb. 29 zeigt zwie hydraulische Spannelemente. Die Spannmutter im oberen Bildteil wird anstelle der üblichen Spannmutter von Hand am gekordelten Grundgehäuse ① auf den Fräserdorn aufgeschraubt. Die axiale Verspannung erfolgt in der Art, daß die Druckschraube mit Skalenhülse ② angezogen wird. Über eine Kugel wird der kleine Druckkolben ③ verschoben. Der Kolben ist mit einer Dichtung ④ vom Druckraum ⑤ der Spannmutter getrennt, der mit einem Spezial-Druckfett gefüllt ist. Die Verschiebung des kleinen Kolbens bewirkt über das Druckfett eine Verschiebung des großen durch eine weitere Dichtung ⑥ geschützten Druckkolbens ⑦. Durch die unterschiedlichen Kolbendurchmesser wird eine Spannkraftübersetzung erreicht. Der große Druckkolben arbeitet über 6 Druckstifte ⑧ gegen die Führungsbüchse ⑨. Die Spannmutter ist in der Lage, einen Spanndruck von bis zu 15 t aufzubringen; diese Spannkraft ist so groß, daß ohne Bedenken auf Mitnahmenuten am Fräser verzichtet werden kann.

Das im unteren Teil von Abb. 29 dargestellte Spannelement ist auf den Fräserdorn aufschiebbar und kann rechts oder links neben dem Fräser angeordnet werden. Die Druckflüssigkeit befindet sich in einer ringförmigen Kammer. Der Druck wird durch einen Kolben aufgebracht, der mit Hilfe von mehreren Gewindestiften mit Innensechskant verschiebbar ist. Mit jedem Gewindestift läßt sich eine Spannkraft von ca. 4 t erzielen; schon bei drei Stiften erreicht man so eine reine Axialkraft von über 10 t. Es können auch in diesem Fall Fräser ohne Mitnahmenut verwendet werden.

Die vorgestellten Wälzfräser-Einspannungen und Einspannelemente lassen sich grundsätzlich in zwei Gruppen unterteilen. In einer Gruppe können die Vorschläge zusammengefaßt werden, die sich darauf beziehen, Fräser und Fräserdorn zu einer Einheit zusammenzufügen. Die hierzu einfachste Lösung besteht im Einsatz von Schaftfräsern, denen jedoch der Nachteil hoher Anschaffungskosten anhaftet. Als Kompromiß ist die Lösung zu werten, bei der üblichen Wälzfräser für ihre gesamte Lebensdauer mit Kunststoff auf einem Dorn fixiert werden; die anfallenden Kosten sind geringer als bei Schaftfräsern, es wird jedoch für jeden Fräser ein Fräserdorn benötigt. Eine besondere Konstruktion zur Bildung einer kompakten Einheit von Wälzfräser, Wälzfräser-Aufnahme und Gegenlager wurde im unteren Teil von Abb. 29 vorgestellt.

Die zweite Gruppe der Vorschläge befaßt sich mit verschiedenen einzelnen Elementen zur Verbesserung des Spannens und Ausrichtens von Wälzfräsern. Wälzfräser sollten keine Mitnahmenut haben. Die erforderliche hohe Spannkraft zur sicheren rein axialen kraftschlüssigen Einspannung sollte durch entsprechende mechanische oder hydraulische Spannelemente aufgebracht werden. Besonders vorteilhaft sind selbstzentrierende Spannelemente und Wälzfräser; im oberen Teil von Abb. 28 wurde eine entsprechende ausgeführte Konstruktion vorgestellt.

5. Zusammenfassung

Die Genauigkeit der Bewegungsübertragung und das Geräuschverhalten von Zahnrädern ist vor allem von der exakten Ausbildung der Zahnflanken abhängig. Besonders genaue Verzahnungen werden zwar in mehreren Arbeitsgängen auf verschiedenen Werkzeugmaschinen gefertigt. Relativ gute Verzahnungsqualitäten können jedoch in einem Arbeitsgang wälzgefräst werden; dieses Verfahren ist aufgrund seiner Wirtschaftlichkeit weit verbreitet. Die Güte der Zahnflankenform wird dabei neben der kinematischen Genauigkeit der Wälzfräsmaschine vor allem von Eigen- und Einspannfehlern des Wälzfräsers beeinflußt.

Es wurde deshalb ein neues Rechenverfahren entwickelt, das es gestattet, Flankenformfehler der Stirnradverzahnung infolge der Fehler des Wälzfräsers und seiner Einspannung zu ermitteln.

Die praktische Bedeutung dieses Rechenverfahrens wurde durch entsprechende Messungen an Wälzfräsern und Stirnradverzahnungen bewiesen.

Durch die Berechnung wurden theoretische Grundlagen im Hinblick auf die für eine bestimmte Flankenform notwendige Genauigkeit des Wälzfräsers und seiner Einspannung geschaffen.

Zur Abschätzung der Güte einer Verzahnung ist im allgemeinen die Kenntnis der Fehleramplituden ausreichend. Um dem Praktiker kurzfristig die Bestimmung der Flankenformfehler-Amplituden zufolge der Wälzfräserfehler zu ermöglichen, wurden die wichtigsten Ergebnisse in Form von Tabellen und Nomogrammen zusammengefaßt.

Da insbesondere Einspannfehler zu großen Flankenformfehlern führen, wurde eine kritische Betrachtung über die konstruktiven Möglichkeiten zu deren Reduzierung durchgeführt. Es wurden Zentrier- und Spannelemente vorgestellt, die bei relativ geringem Aufwand einen einwandfreien Fräserrundlauf gewährleisten, wenn die Güte der Bezugsflächen des Wälzfräsers ausreichend ist.

Die Ergebnisse der durchgeführten Untersuchungen eröffnen die Möglichkeit, die Wirtschaftlichkeit des Wälzfräsverfahrens auch zur Herstellung von Genauigkeitsverzahnungen nutzen zu können.

6. Literaturverzeichnis

[1] De Jong, H., Der Einfluß der Wälzgenauigkeit von Verzahnmaschinen auf die Fertigungsgenauigkeit und das Laufverhalten von Stirnradgetrieben, Dissertation TH Aachen 1961.
[2] Opitz, H., Eggert, W. und H.I. Faulstich, Untersuchungen über die Fertigungsgenauigkeit beim Wälzfräsen von Stirnrädern, Forschungsberichte des Landes Nordrhein-Westfalen Nr. 1817 (1967).
[3] Fieseler, A. und G. Lausberg, Der Einfluß der Einzelabweichungen der Wälzfräser-Abmessungen, der Aufspannfehler und der Nachschleiffehler auf das erzeugte Zahnprofil, Walther Hentzen & Co., Remscheid 1952.
[4] Rommerskirch, W., Einfluß von Wälzfräserfehlern auf die erzeugte Verzahnung, Industrielle Organisation 34 (1965), Nr. 11, S. 448 ff.
[5] Borchert, W., Untersuchungen über die Auswirkung von Wälzfräserfehlern auf die Flankenform der Stirnradverzahnung, Dissertation TH Aachen 1972.
[6] Spieth, R., Höhere Genauigkeit bei der Herstellung von Wälzfräsern und deren Aufnahme auf die Verzahnmaschine, Werkstatt und Betrieb, 96. Jg., 1963, Heft 1, S. 205 ff.
[7] Untersuchung eines Klingelnberg-Wälzfräsers (m = 3 mm) mit eingearbeitetem Spieth-Element an jedem Ende der Bohrung, Versuchsbericht Nr. TV 324 der Firma Hermann Pfauter-Wälzfräsmaschinenfabrik, Ludwigsburg 1965.
[8] WF 10 Hochleistungs-Wälzfräsmaschine, Prospekt der Fa. Carl Hurth Maschinen- und Zahnradfabrik, München 1969.
[9] Hydraulische Spannelemente, Prospekt der Fa. Albert Schrem Werkzeugfabrik, Giengen(Brz.) 1971.

Normen

DIN 3961   Toleranzen für Stirnradverzahnungen nach DIN 867.

DIN 3962   Toleranzen für Stirnradverzahnungen nach DIN 867, zulässige Einzelfehler.

DIN 3968   Toleranzen eingängiger Wälzfräser für Stirnräder mit Evolventenverzahnung.

DIN 8000   Bestimmungsgrößen und Fehler an Wälzfräsern für Stirnräder mit Evolventenverzahnung.

DIN 58413   Toleranzen für Wälzfräser der Feinwerktechnik.

Abbildungen

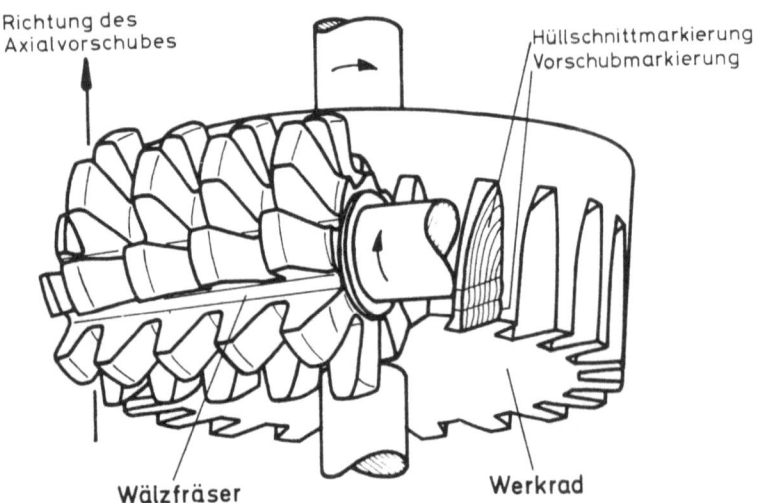

Abb. 1: Wälzfräsen

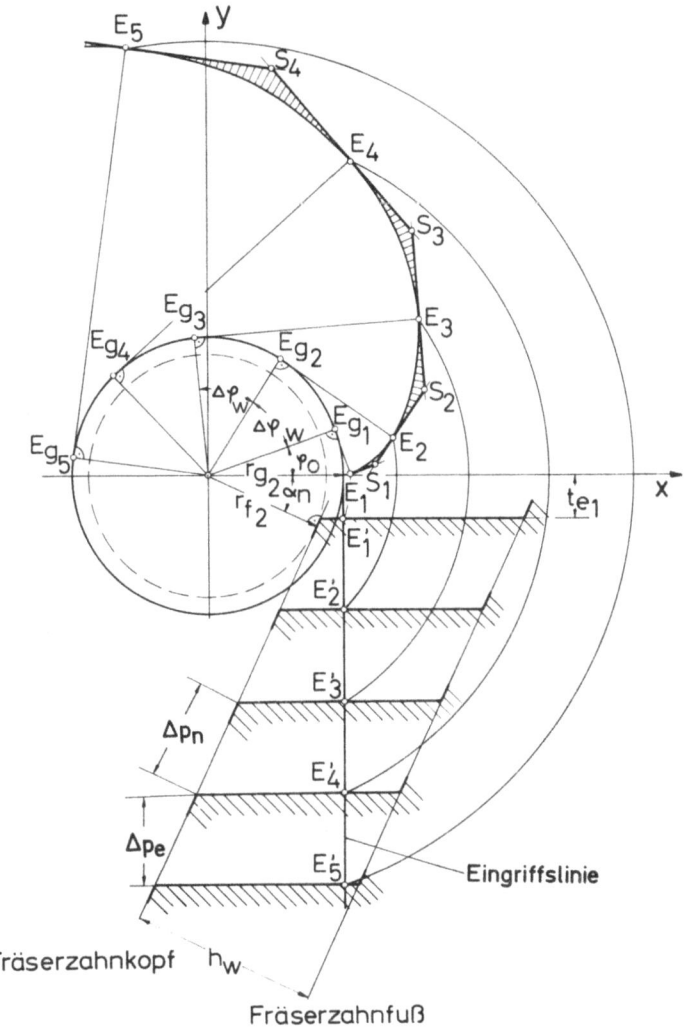

Abb. 2: Entstehung der Evolventen-Zahnflanke durch Einhüllende

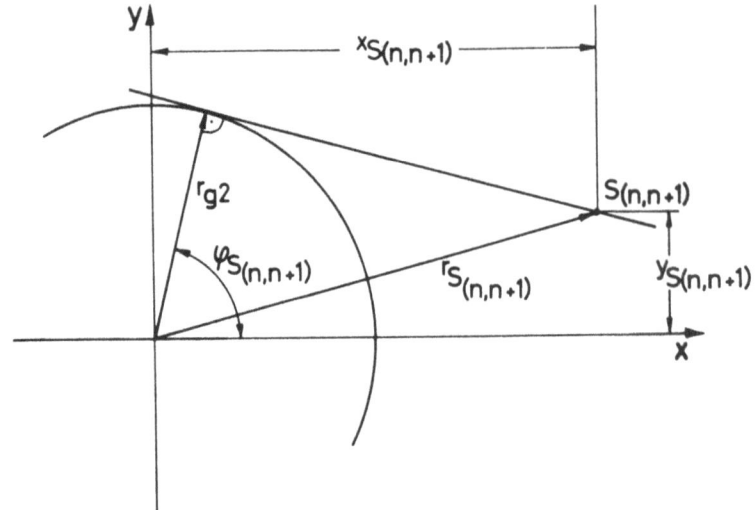

Abb. 3: Zur Berechnung der Schnittpunkte der Einhüllenden

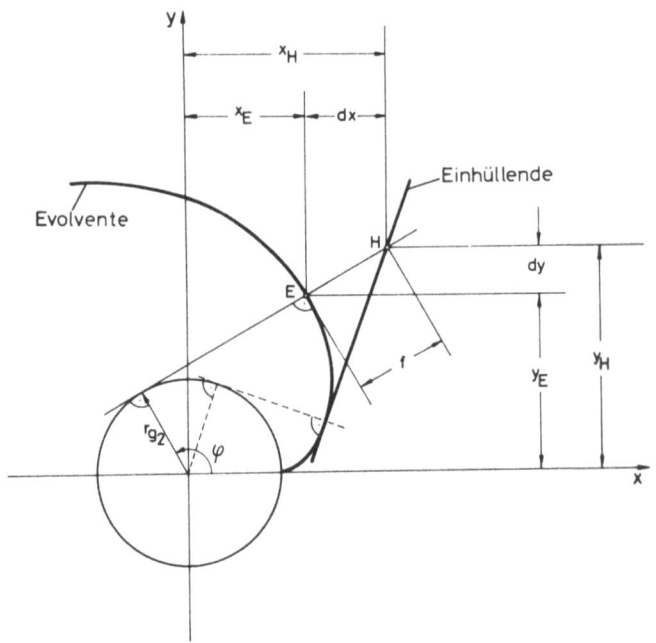

Abb. 4: Zur Berechnung der Amplituden der Hüllschnittabweichungen

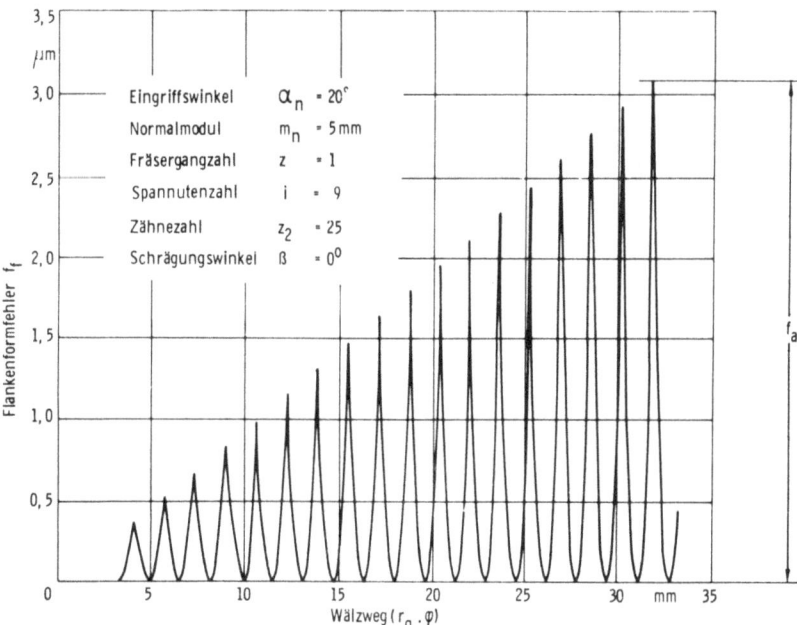

Abb. 5: Flankenformfehler durch Hüllschnitte

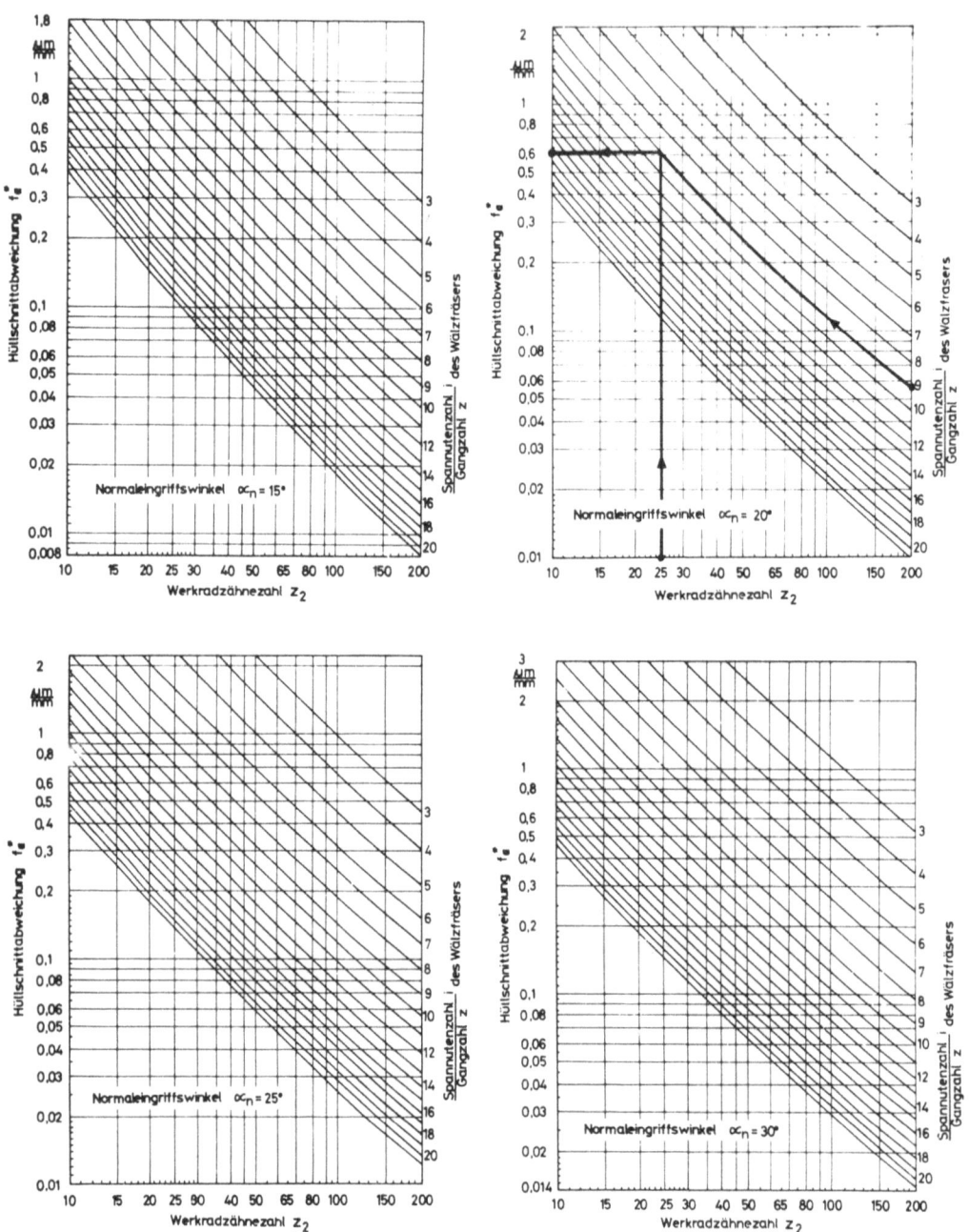

Abb. 6: Nomogramme zur Bestimmung der Hüllschnittabweichungen am Zahnkopf

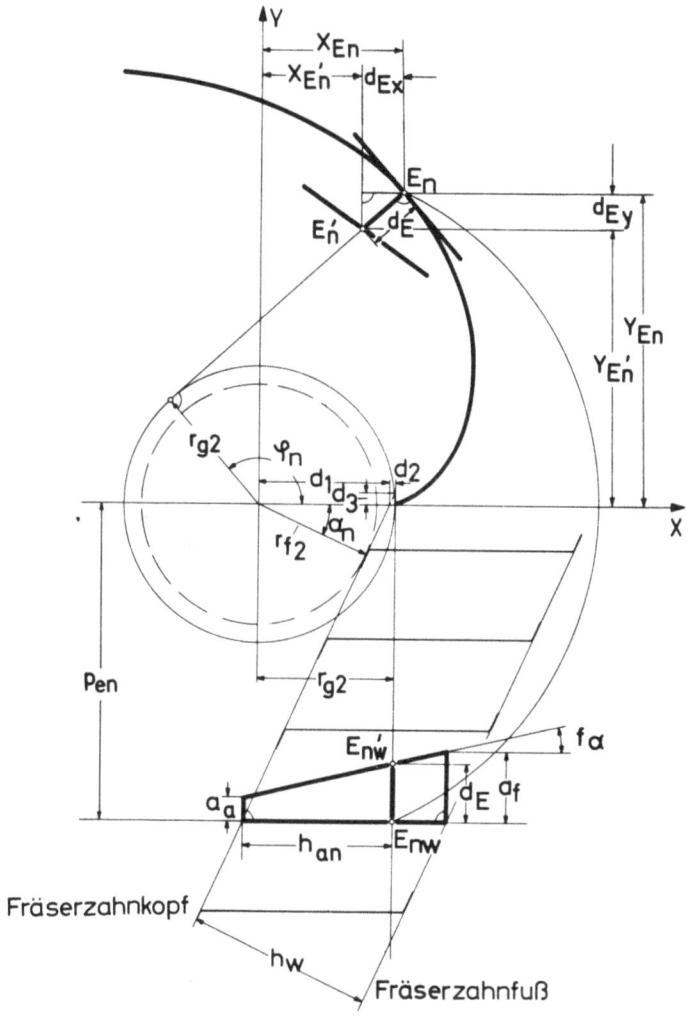

Abb. 7: Zur Berechnung der Auswirkung von Verlagerungen einzelner Fräserschneiden

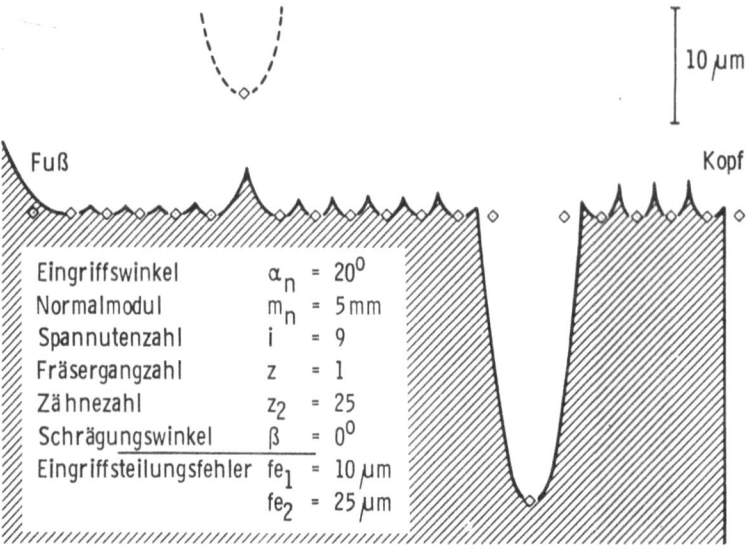

Abb. 8: Flankenformfehler durch einzelne Teilungsfehler von Wälzfräsern

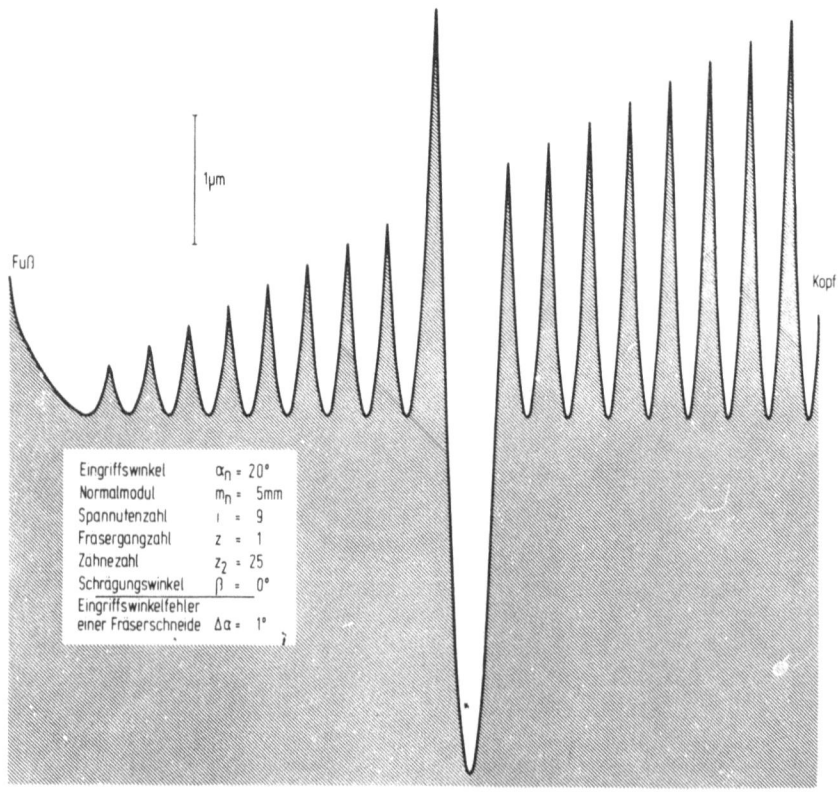

Abb. 9: Flankenformfehler durch Eingriffswinkelfehler einer Fräserschneide

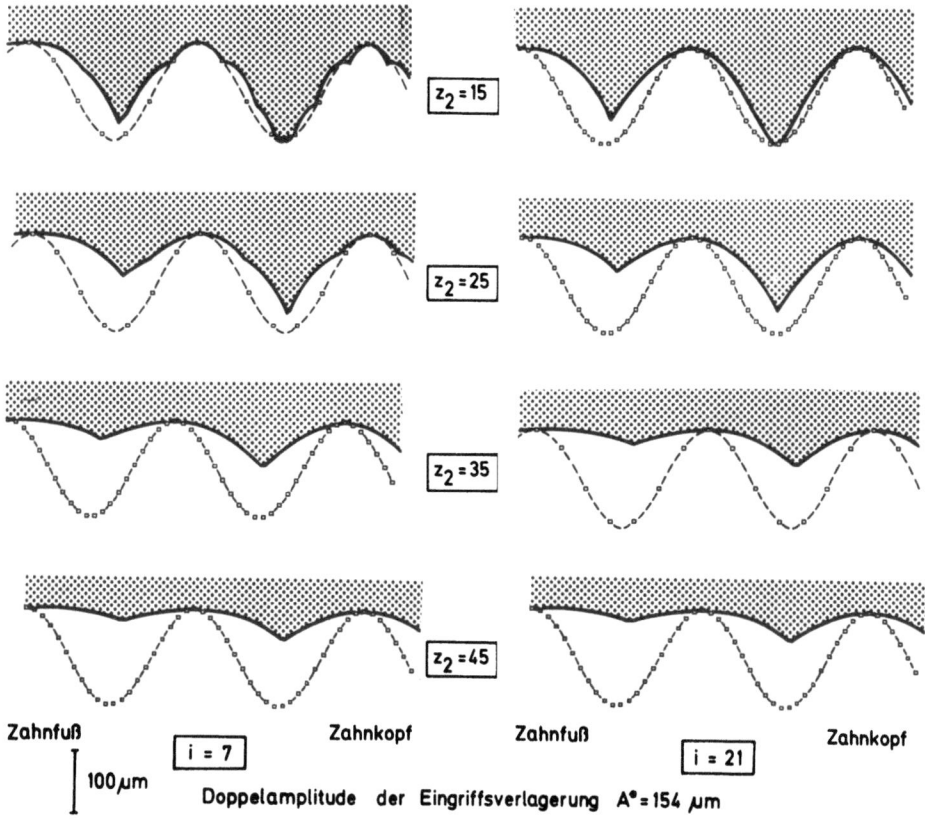

Abb. 10: Einfluß der Spannutenzahl des Wälzfräsers und der Werkrad-Zähnezahl auf Flankenformfehler durch Wälzfräser-Einspannfehler

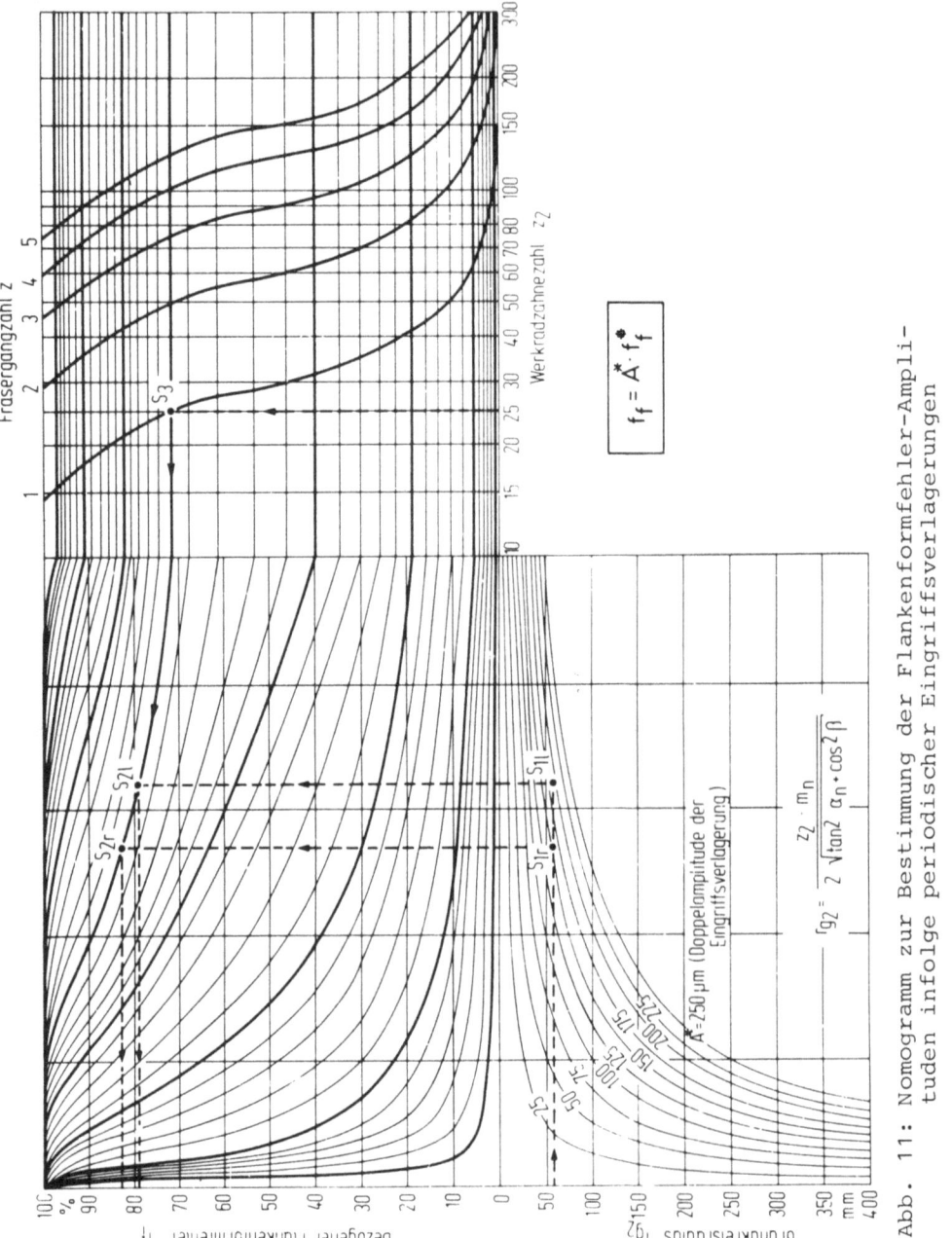

Abb. 11: Nomogramm zur Bestimmung der Flankenformfehler-Amplituden infolge periodischer Eingriffsverlagerungen

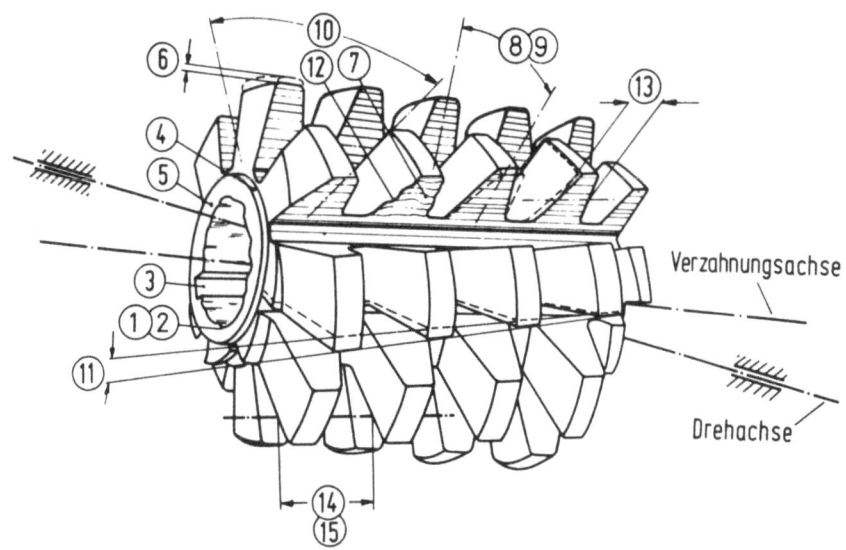

Abb. 12: Wälzfräserfehler (Numerierung nach DIN 3968)

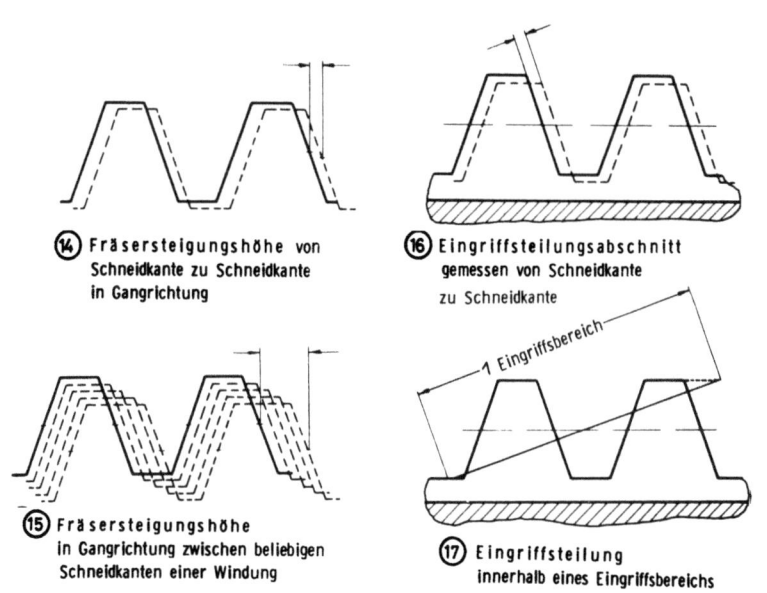

Abb. 13: Fehlerhafte Bestimmungsstücke von Wälzfräsern

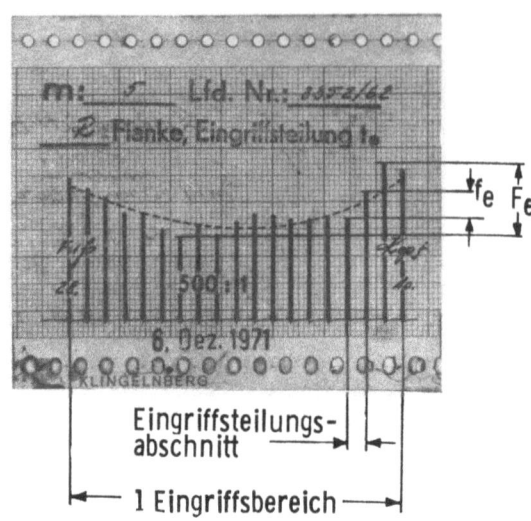

Abb. 14: Eingriffsteilungsfehler eines Wälzfräsers

Einzelfehler von Wälzfräsern (Numerierung nach DIN 3968)	$F_e = F_e^* \cdot f$ F_e^*
6. Rundlauf am Zahnkopf	0 %
7. Form und Lage der Spanflächen	7 %
8. Einzelteilung der Spannuten	
9. Teilungssprung der Spannuten	7 %
10. Summenteilung der Spannuten	
11. Spannutenrichtung (modulabhängig)	$m_n \cdot 0{,}6$ %
12. Form der Schneidkante	100 %
13. Zahndicke	94 %
14. Fräsersteigungshöhe von Schneidkante zu Schneidkante in Gangrichtung	
15. Fräsersteigungshöhe in Gangrichtung zwischen beliebigen Schneidkanten einer Windung	94 %

Abb. 15: Auswirkung von Wälzfräser-Einzelfehlern auf seinen Eingriffsteilungsfehler

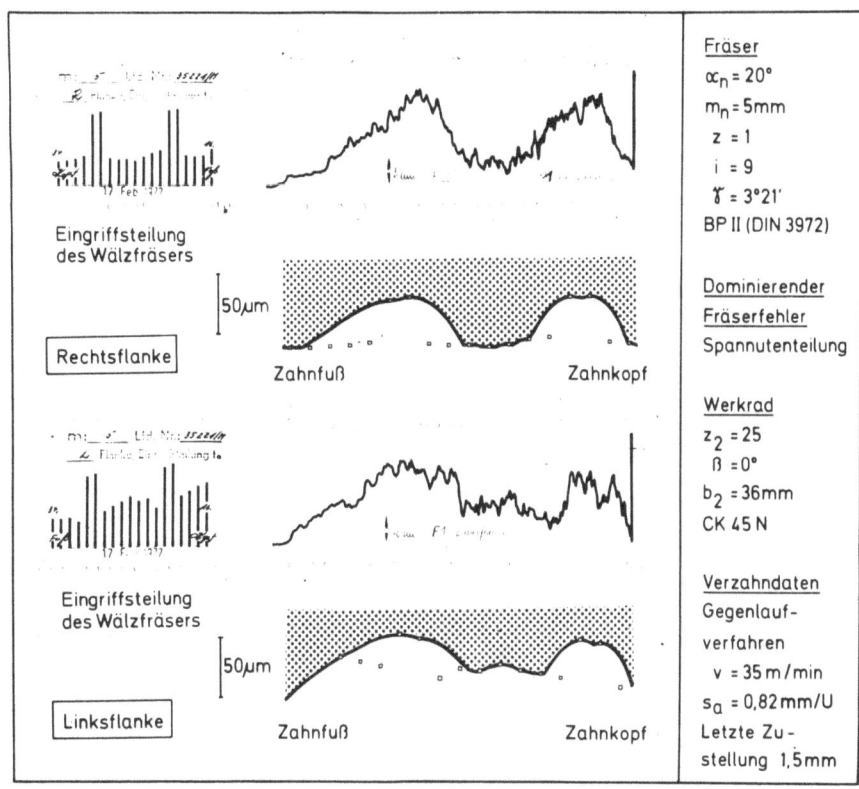

Abb. 16: Gemessene und berechnete Flankenformfehler-Verläufe durch Eingriffsteilungsfehler

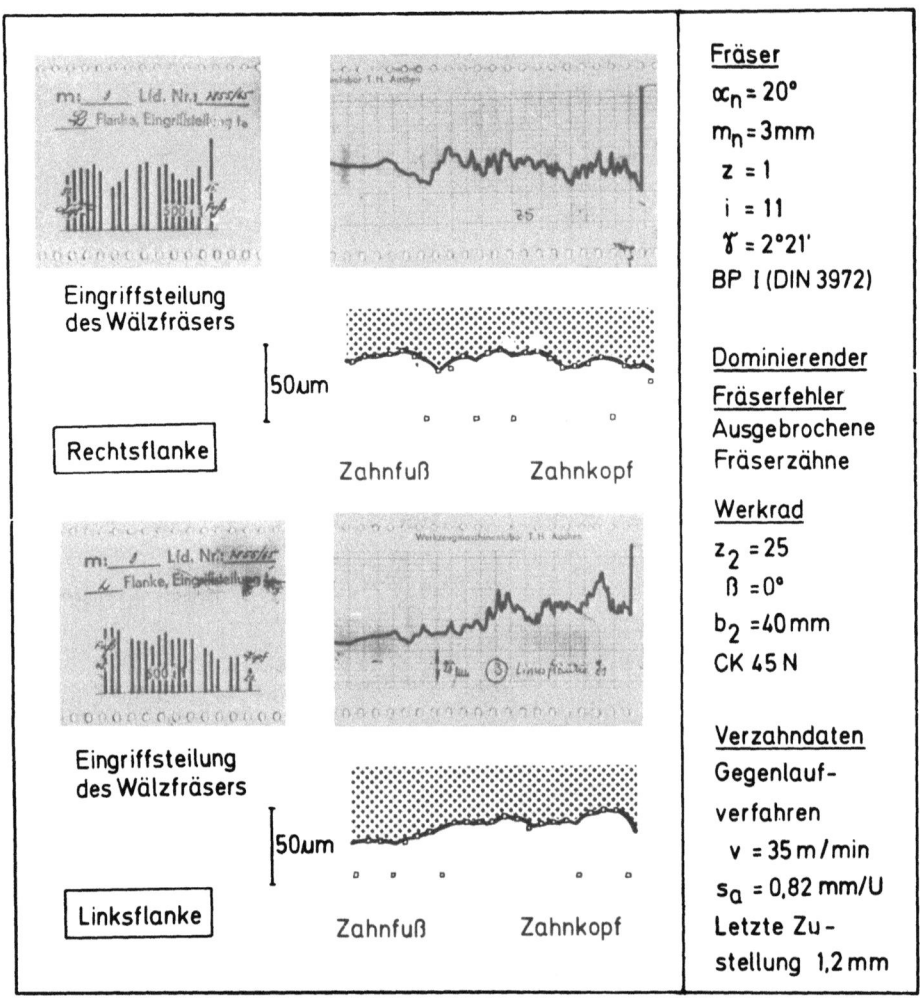

Abb. 17: Gemessene und berechnete Flankenformfehler-Verläufe durch Eingriffsteilungsfehler

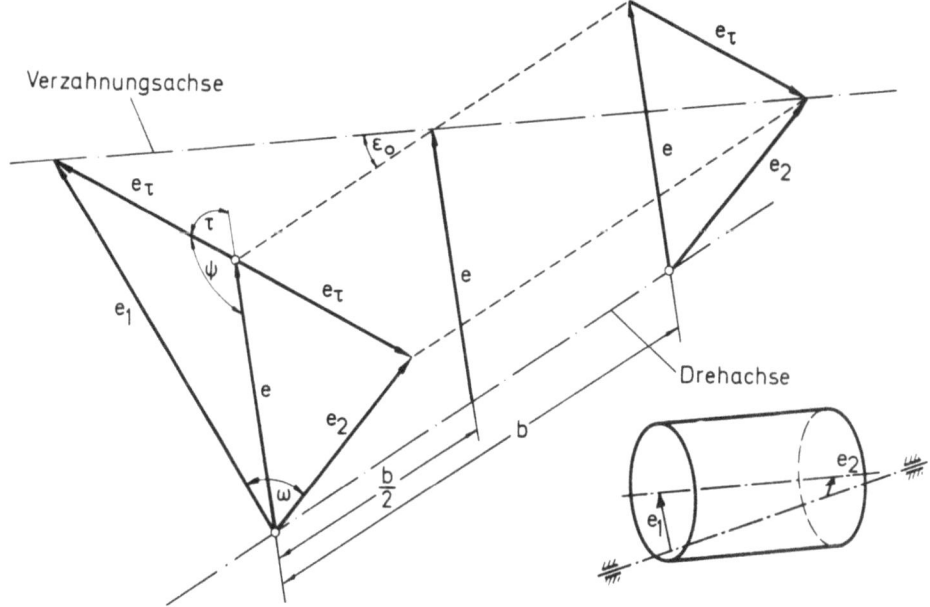

Abb. 18: Dreh- und Verzahnungsachse bei taumelnder Wälzfräser-Einspannung

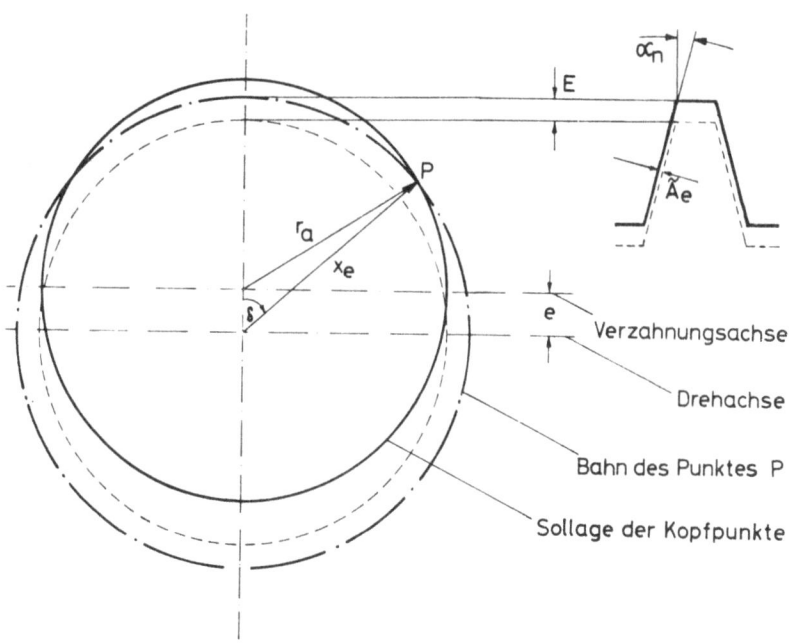

Abb. 19: Eingriffsverlagerung durch Fräser-Rundlauffehler

47

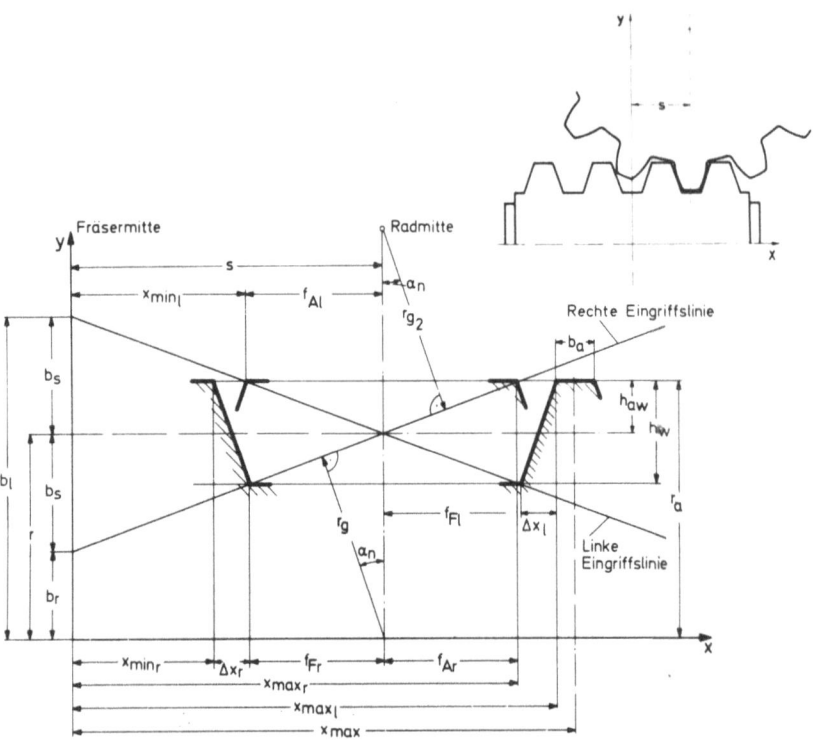

Abb. 20: Eingriffsbereiche für Rechts- und Linksflanken

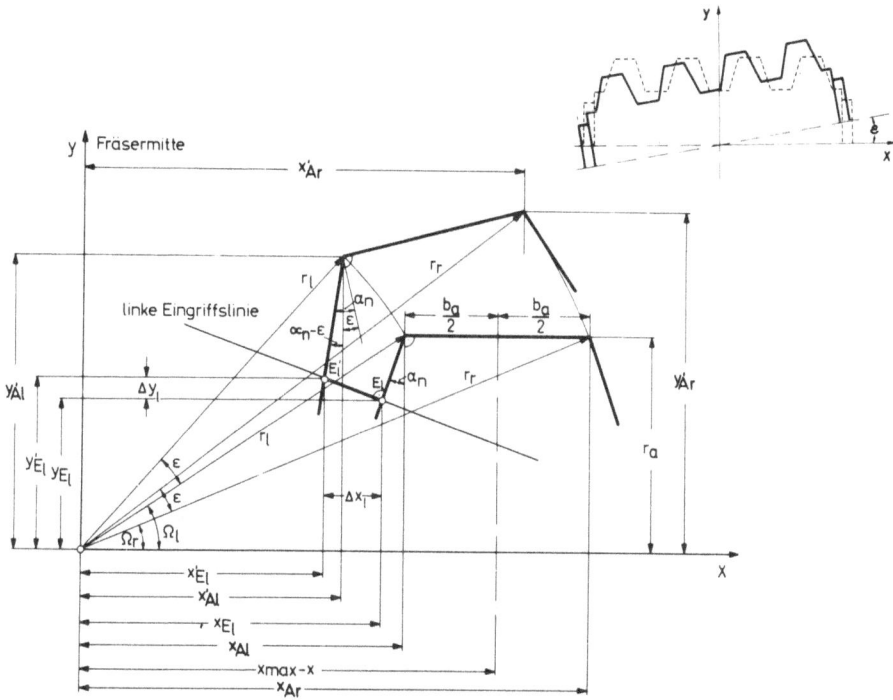

Abb. 21: Schneidenverlagerung durch taumelnde Wälzfräser-Einspannung

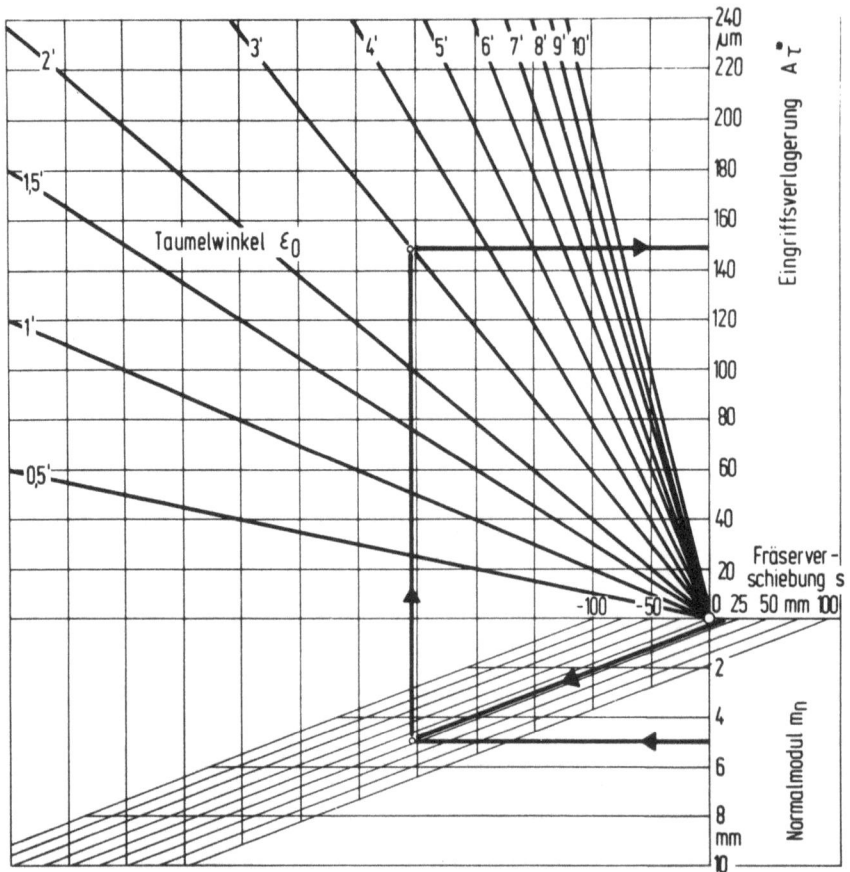

Abb. 22: Nomogramm zur Bestimmung von Eingriffsverlagerungen aufgrund taumelnder Wälzfräser-Einspannung

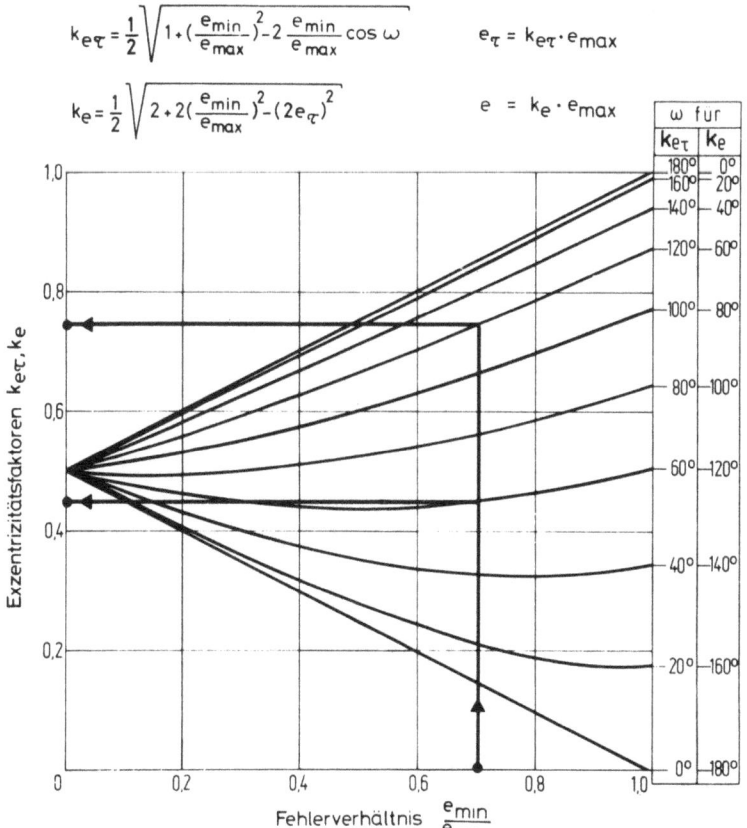

Abb. 23: Zur Bestimmung von e_τ und e

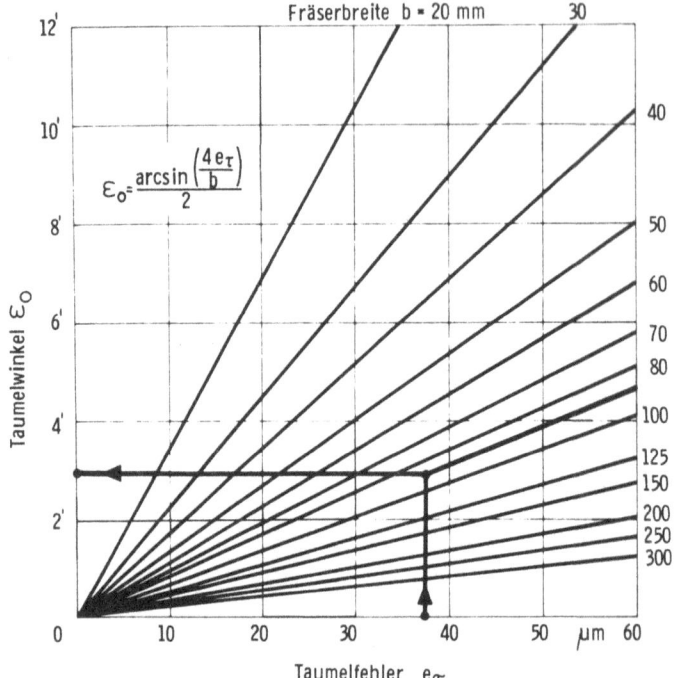

Abb. 24: Zur Bestimmung von ε_o

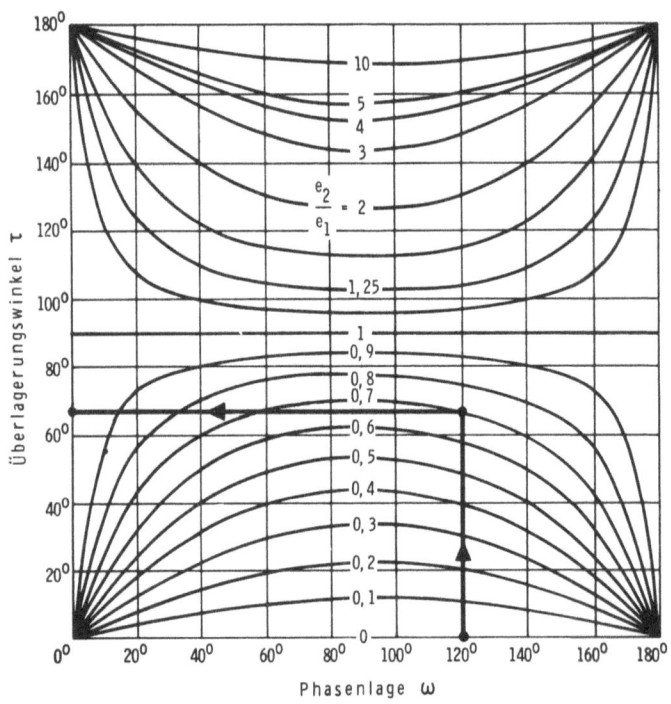

Abb. 25: Zur Bestimmung von τ

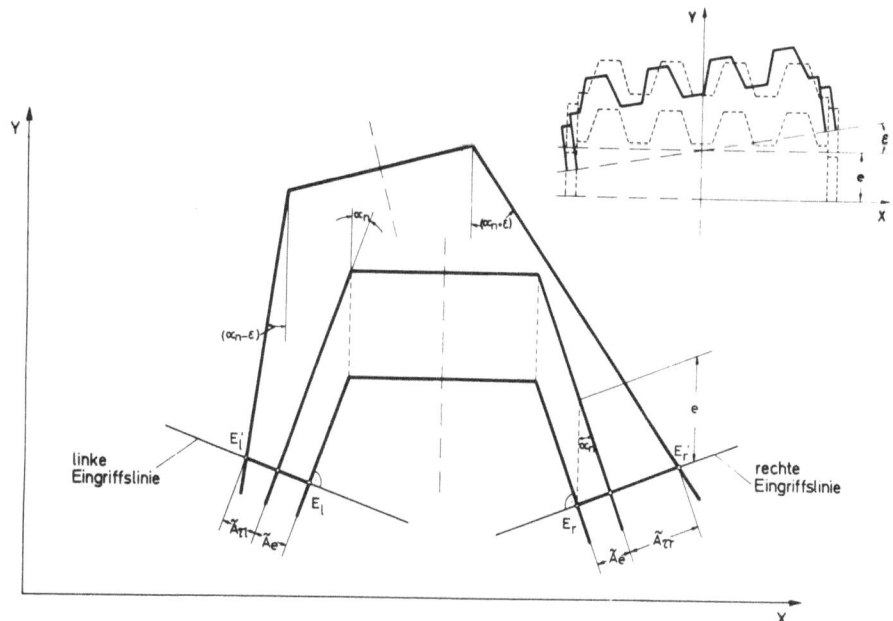

Abb. 26: Schneidenverlagerung durch taumelnde Wälzfräser-Einspannung (allgemeiner Fall)

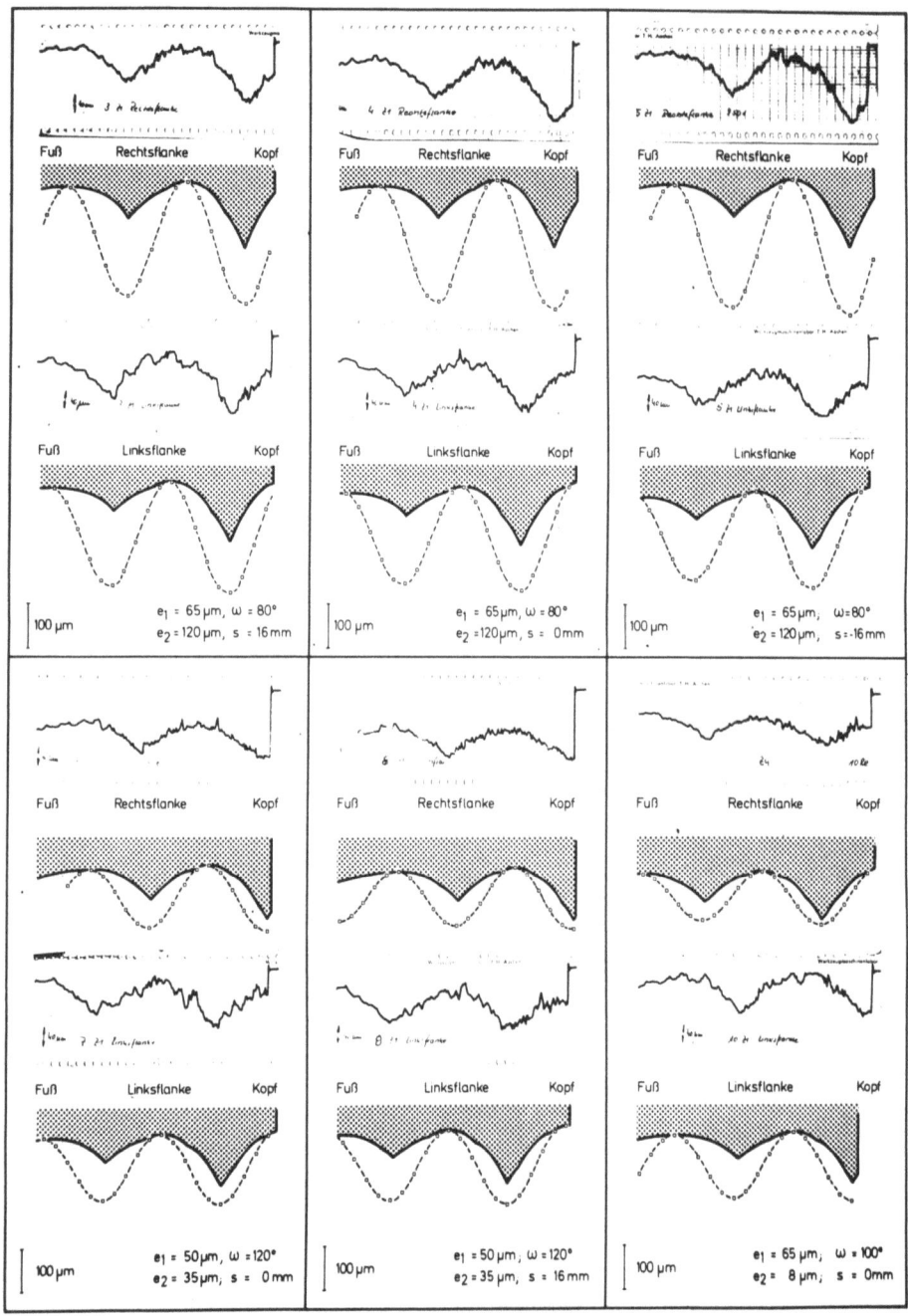

Abb. 27: Gemessene und berechnete Flankenformfehler-Verläufe infolge von Wälzfräser-Einspannfehlern

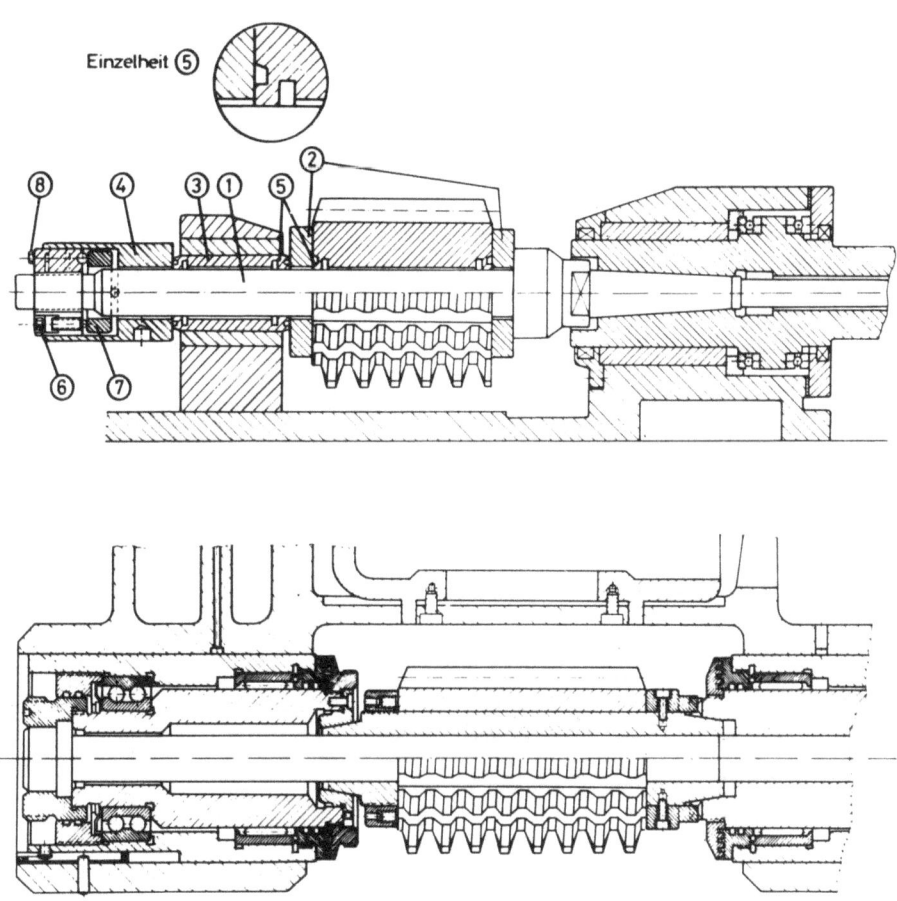

Abb. 28: Konstruktive Ausführung von Wälzfräser-Einspannungen

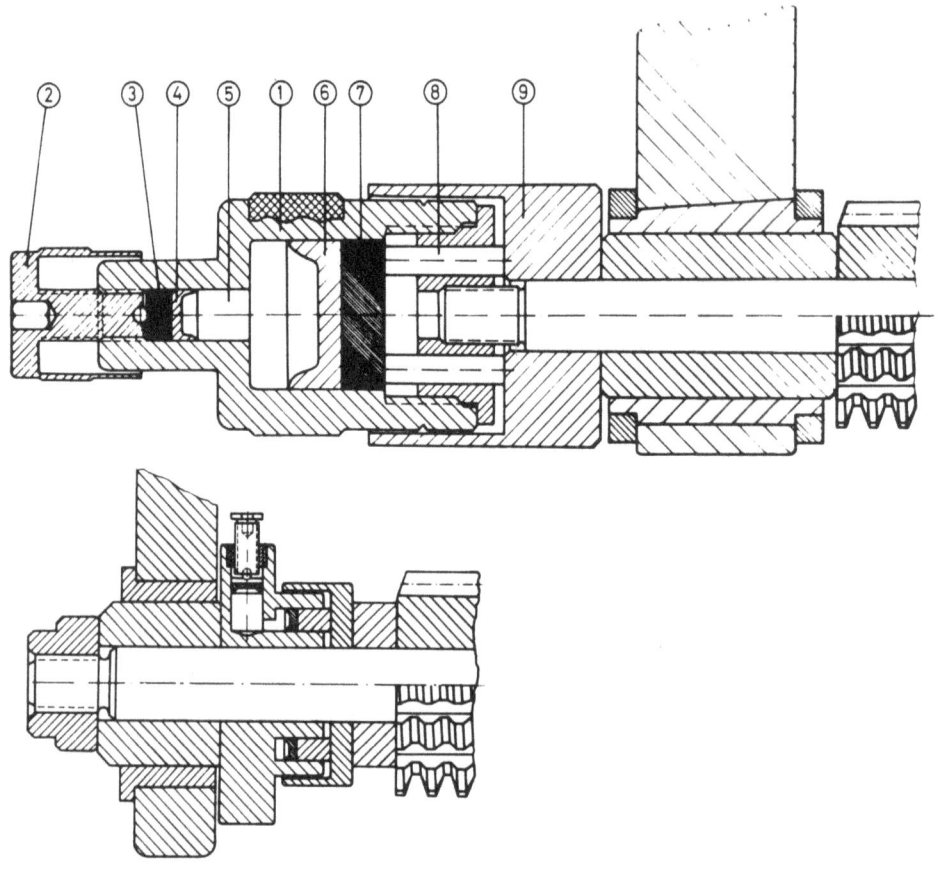

Abb. 29: Hydraulische Spannelemente

Forschungsberichte des Landes Nordrhein-Westfalen

Herausgegeben im Auftrage des Ministerpräsidenten Heinz Kühn
vom Minister für Wissenschaft und Forschung Johannes Rau

Sachgruppenverzeichnis

Acetylen · Schweißtechnik
Acetylene · Welding gracitice
Acétylène · Technique du soudage
Acetileno · Técnica de la soldadura
Ацетилен и техника сварки

Arbeitswissenschaft
Labor science
Science du travail
Trabajo científico
Вопросы трудового процесса

Bau · Steine · Erden
Constructure · Construction material ·
Soilresearch
Construction · Matériaux de construction ·
Recherche souterraine
La construcción · Materiales de construcción ·
Reconocimiento del suelo
Строительство и строительные материалы

Bergbau
Mining
Exploitation des mines
Minería
Горное дело

Biologie
Biology
Biologie
Biologia
Биология

Chemie
Chemistry
Chimie
Quimica
Химия

Druck · Farbe · Papier · Photographie
Printing · Color · Paper · Photography
Imprimerie · Couleur · Papier · Photographie
Artes gráficas · Color · Papel · Fotografía
Типография · Краски · Бумага · Фотография

Eisenverarbeitende Industrie
Metal working industry
Industrie du fer
Industria del hierro
Металлообрабатывающая промышленность

Elektrotechnik · Optik
Electrotechnology · Optics
Electrotechnique · Optique
Electrotécnica · Optica
Электротехника и оптика

Energiewirtschaft
Power economy
Energie
Energía
Энергетическое хозяйство

Fahrzeugbau · Gasmotoren
Vehicle construction · Engines
Construction de véhicules · Moteurs
Construcción de vehículos · Motores
Производство транспортных средств

Fertigung
Fabrication
Fabrication
Fabricación
Производство

Funktechnik · Astronomie
Radio engineering · Astronomy
Radiotechnique · Astronomie
Radiotécnica · Astronomía
Радиотехника и астрономия

Gaswirtschaft
Gas economy
Gaz
Gas
Газовое хозяйство

Holzbearbeitung
Wood working
Travail du bois
Trabajo de la madera
Деревообработка

Hüttenwesen · Werkstoffkunde
Metallurgy · Materials research
Métallurgie · Matériaux
Metalurgia · Materiales
Металлургия и материаловедение

Kunststoffe
Plastics
Plastiques
Plásticos
Пластмассы

Luftfahrt · Flugwissenschaft
Aeronautics · Aviation
Aéronautique · Aviation
Aeronáutica · Aviación
Авиация

Luftreinhaltung
Air-cleaning
Purification de l'air
Purificación del aire
Очищение воздуха

Maschinenbau
Machinery
Construction mécanique
Construcción de máquinas
Машиностроительство

Mathematik
Mathematics
Mathématiques
Matemáticas
Математика

Medizin · Pharmakologie
Medicine · Pharmacology
Médecine · Pharmacologie
Medicina · Farmacología
Медицина и фармакология

NE-Metalle
Non-ferrous metal
Metal non ferreux
Metal no ferroso
Цветные металлы

Physik
Physics
Physique
Física
Физика

Rationalisierung
Rationalizing
Rationalisation
Racionalización
Рационализация

Schall · Ultraschall
Sound · Ultrasonics
Son · Ultra-son
Sonido · Ultrasónico
Звук и ультразвук

Schiffahrt
Navigation
Navigation
Navegación
Судоходство

Textilforschung
Textile research
Textiles
Textil
Вопросы текстильной промышленности

Turbinen
Turbines
Turbines
Turbinas
Турбины

Verkehr
Traffic
Trafic
Tráfico
Транспорт

Wirtschaftswissenschaften
Political economy
Economie politique
Ciencias económicas
Экономические науки

Einzelverzeichnis der Sachgruppen bitte anfordern

Westdeutscher Verlag · Opladen
567 Opladen/Rhld., Ophovener Straße 1–3, Postfach 1620

MIX
Papier aus verantwortungsvollen Quellen
Paper from responsible sources
FSC® C105338

If you have any concerns about our products,
you can contact us on
ProductSafety@springernature.com

In case Publisher is established outside the EU,
the EU authorized representative is:
**Springer Nature Customer Service Center GmbH
Europaplatz 3, 69115 Heidelberg, Germany**

Printed by Libri Plureos GmbH
in Hamburg, Germany